JN117801

現数Select No.10

# 名人くんへ放つ次の一手

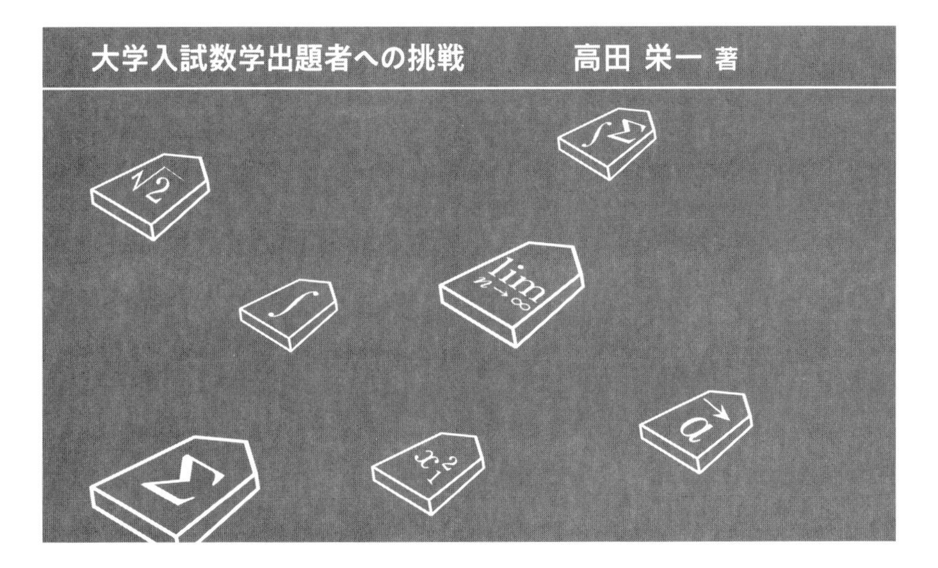


現代数学社

# 序文

大学入試における数学の問題は，高校数学の範囲で解けるように作られる．しかしながら，(入試における）標準程度の問題であっても，教科書だけでの勉強では殆ど太刀打ちできるものではない，というのも厳とした事実である．その意味では，“入試数学”は“高校数学”とは，一応，別格物，と見做(な)さねばならない．それが別格である，というのは,「数学者」といわれる人達にとっても，常に「易しいもの」とはいえない程のものだからである．大学の数学者でも，入試問題を毎年作成したり，或は解き慣れている人達はともかくとしても，そうでないなら，第一線の数学者でも，解答にもたつくことは少なくないのである(——それは，その人にとって専門外の系統の難問であったり，或は，入試問題から疎遠であったためにその方面の頭が錆(さび)ついてしまっていることにも因るが)．これは，時代が進むにつれ，過去問のデータが多く出揃(そろ)うため，それに乗じて入試問題が練りに練られて作られるようになってきたからでもある．

さて，では，**そういう問題で出題者はどんな解答を期待しているのであろうか**？ それは，高校生や受験生のみならず，教育の立場にある人達を含めて多くの人間が関心を寄せることであろう．

平凡な解答（将棋用語では**凡手**(ぼんじゅ)といわれる）でも完答できていれば満点にはなるが，しかし，それは出題者が望んでいるようなものでは勿論ない．出題側が，採点用に模範解答と，受験生のやりそうな解答や別解をも作成しているのは当然であり，そしてその模範解答はbestのものが多いであろうが，時には，それがbestのものではない，ということもあり得る．そのような際，

> **出題者はbest若しくはそれに準じた解答が現れることを，事前であろうが事後であろうが，期待する**のである．

本書は，読者各人が，そういう出題者に応えるべく，力を磨いてくれるように，という目的を以て著作したものである．しかし，その目的は，入試だけに限定してはいない．むしろ，それ以上の初等数学の問題にも挑戦できるだけの力の高揚につながってくれることをも期待するものである．

そのように成るためには，それ相当の鍛錬も要る．その鍛錬の趣旨として，本書は，将棋戦スタイルで問題に挑戦して戴くように構成した．そしてそれが表題となった訳である．『**次の一手**』は，著者の「**問題崩し**」の一つの demonstration であるが，必ずしもこれしか手がないとか絶対にこれが best だ，と主張するものではない．しかしながら，**多分に，出題側の模範解答に対して**，**best possibility の覇を懸けて挑戦し得る解答の披露**（──『理系への数学』誌上で 2002 年秋から 2 年半程の公開──），従って**出題側の所望する解答**になっているべきもの，と自負できるものである．

構成は，内容を見て戴ければすぐわかることではあるが，各主題に応じて **2 題一組**としてある．従って，第 1 部では，**25 主題**に挑戦することで **50 題**に挑戦することになる．これを以て

**第 1 部　次の一手・五十番勝負**

とする．第 2 部は，標準的問題に加えて，高校数学を内容的に多少なりとも超えるような初等数学的問題や「研究」というものへの教育的モデルになるような問題を含めてある．これを以て

**第 2 部　次の一手・番外勝負**

とする．「**勝負**」と銘打っているのだから，問題が難しいからとて，**すぐ解答を見てしまうなら，それは初めから完敗していることにしかならない**．それ故，読者はまず「**次の一手**」以下を目隠しして問題に取り組むべきである．いくら考えてもそれ以上は行けないと判断したとき，「**次の一手**」の所を読み，再挑戦してみられたい．

尚，本書を単なる演習書で終わらせないために，**解説または意見**を，問題の背景や解答の詳細として付け添えておいた．入試問題と

はいえ，時折，問題の背景が専門的数学にある，ということもある．（それでも解答そのものは，高校生やマニアの人達の**立場で**やってある．）この際は，軽く専門的背景の紹介のための叙述に留めておいたので，流し読みして戴いて構わない．（——数学専攻を希望する人には将来への指針になろう．）

また，入試問題以外は，全問（12 題），**創作問題**（original）である．問題を解くべき**持ち時間**は，創作問題では適宜に，入試問題では試験時間より割り出したことを付記しておく．

将棋の勝負は，（力量差が大きい程に）序盤で勝負が決定的になることもよくあるが，**中終盤**でそうなるのがふつうである．しかし，数学の問題との勝負は，問題にもよるが，**序盤**で決定的になるのがふつうである．

いずれにせよ，どの局盤においても，「**崩し**」は，最低限，「好手」であるのが望ましい．「その一手」の価値の大小を並べてみるなら，

**絶妙手 ＞ 妙手 ＞ 軽妙手 ＞ 好手**

となろう．「絶妙手」とは，最高の一手であってそれ以上は無いといえる程のものであり，「妙手」とは，なかなかの一手であってちょっとやそっとでは考え着かないもの，「軽妙手」とは，軽い一手ながらも厳しい所を突いているもの，そして「好手」とは，まずまずの望ましい一手，と思って戴いてよい．（rule 違反になるような**禁手**などはもちろん論外．）

**どのような一手の力をモノにするかで，読者の今後の成長度が推し量れよう．**願わくは，堅固な“矢倉囲い”をも爽快に崩し行く力へと到達されんことを．

現代数学社編集部

## 《勝負主題》

### ◇第１部　次の一手・五十番勝負◇

## ◇◇ 第２部　次の一手・番外勝負 ◇◇

# 問題との対局前に

「**次の一手**」は**将棋用語**である．棋士にとっては，決め手となるその一手が，勝負の命運をほぼ決定することになる．

数学の入試問題等では，**対戦相手は「問題」になるが**，暗には**その「出題者」でもある**．この際，出題側（と採点側）が最も目を光らせる所は，解答者にとってある種の盲点となる所である．その点こそ**出題者が所望する所** ——「**その所の一手がどうなされるのか？**」——であり，最も評定の対象となる所となる．

このことをよく銘記されながら，**問題**に挑戦されたい．繰り返すが，初めは，**持ち時間**を見て（**解答過程**等は目隠しして）独力で問題にぶつかってみることである（——**持ち時間**は，入試過去問の場合，例えば，120 分／5 題 ≒ 25 分のようにしてある）．それから**解答過程**や**局盤**を見てよくよく考え直してみられたい．あと，念の為だが，**解答**の一部分でもある「**次の一手**」は点線枠で囲んである，と付け添えておく．

では，**数学棋士**として健闘されたい．

# 第1部

## 次の一手
# 五十番勝負

第一・第二番
勝負

# 2次方程式と2次関数

**2次方程式**は，**2次関数**と関連させて学習するものである．その初歩は $a$，$b$，$c$ を実数の定数とする2次関数が

$$y=ax^2+bx+c=a\left(x+\frac{b}{2a}\right)^2-\frac{b^2-4ac}{4a}$$

と，表されることだけである． $b^2-4ac$ は**判別式**といわれるもので，2次関数のグラフが $x$ 軸を切るか否かの目安はこれの正負で決まる．

当読者には，このような事柄は納得済みであろうから，すぐ問題との勝負に入ることにする．

**【問題1】**

$a$，$b$，$c$ を相異なる実数の定数とする． $x$ の2次関数

$$f(x)=3x^2-2(a+b+c)x+ab+bc+ca$$

について，以下に答えよ．

(1) 方程式 $f(x)=0$ は異なる2実解をもつことを示せ．

(2) $b<a<c$ かつ $\dfrac{b+c}{2}<a$ であるとする．また，$f(x)=0$ の解の小さい方を $\alpha$，大きい方を $\beta$ とする．このとき

$$\alpha,\ \beta,\ \frac{a+b}{2},\ \frac{b+c}{2},\ \frac{c+a}{2},\ \frac{a+b+c}{3}$$

の大小を比較せよ．《持ち時間・30分》

**解答過程**

(1) $f(x)$ の判別式 $\dfrac{D}{4}$ を調べる：

$$\frac{D}{4}=(a+b+c)^2-3(ab+bc+ca)$$
$$=a^2+b^2+c^2-(ab+bc+ca)$$
$$=\frac{1}{2}\{(a-b)^2+(b-c)^2+(c-a)^2\}.$$

$a$, $b$, $c$ は相異なる実数というから， $\dfrac{D}{4}>0$. ◀

**■局盤〈1〉** (1)を解けないようでは初歩からして殆どできていないことになるが，当読者は大丈夫であろう．問題は(2)である．$a$, $b$, $c$ に関する与えられた不等式を用いて，できるところまでゆくのもよいが，いずれにしても決定的一手を打たないと，最後を詰めれまい．では，**その決定的一手**とは？

**【問題 2】**

$m$ は実数とし，関数 $f(x)$ を

$$f(x)=(x^2-x+m)\sin 3\pi x \quad (0<x<1)$$

とする．このとき $f(a)=0$ となる $a$ $(0<a<1)$ のうち， $x=a$ を境目にして関数 $f(x)$ の符号が変化するものの個数を求めよ．

《持ち時間・25 分》　　　　神戸大(理系)・平成 11(前期)

**解答過程 (例)**

$f(x)=0$ の解は，① $x^2-x+m=0$ または ② $\sin 3\pi x=0$ の， $0<x<1$ における解である． $0<x<1$ を無視して①の解は $x=\dfrac{1\pm\sqrt{1-4m}}{2}$，②の解は $0<x<1$ で $x=\dfrac{1}{3}$, $\dfrac{2}{3}$.

**■局盤〈2〉** 簡単な三角方程式が複合されているが，それ自体は取り

立てる程のものではない．問題は $f(x)$ の符号変化なので，**関数の正負の値**に注意しなくてはならない．それを大きく支配するのは，判別式 $1-4m$ の正負である．そこに着眼して，**次の一手**(，**二手**，**三手**まで？)を決めてみよ．

**局盤〈1〉での次の一手：**

$$f\left(\frac{a+b}{2}\right)=-\left(\frac{b-a}{2}\right)^2<0\text{．以下同様で，}\ f\left(\frac{c+a}{2}\right)<0\text{．}$$

$y=f(x)$ は下に凸な2次関数で，$\dfrac{a+b+c}{3}$ はその対称軸を与える．

そこで $\dfrac{b+c}{2}<a$ より

$$b+c<2a \longleftrightarrow 3b+3c<2a+2b+2c \longleftrightarrow \frac{b+c}{2}<\frac{a+b+c}{3}.$$

$b<a<c$ より

$$\frac{a+b}{2}<\frac{b+c}{2}<\frac{a+b+c}{3}<\frac{c+a}{2}.$$

$0=f(\alpha)=f(\beta)$ であるから，以上を併せて

$$\alpha<\frac{a+b}{2}<\frac{b+c}{2}<\frac{a+b+c}{3}<\frac{c+a}{2}<\beta$$ ……答

**解説または意見**　2次関数の性質として，「下に凸な関数は，対称軸の左側では減少関数，右側では増加関数」，という単純な事実をうまく捉(とら)えれるか，ということが問題になっている．従って，$x=\dfrac{a+b+c}{3}$ が**対称軸**であることをすぐ読み取ることが大切である．

$\alpha<\beta$ と $\dfrac{a+b}{2}<\dfrac{b+c}{2}<\dfrac{c+a}{2}$ は当たりまえのことなので，問題は

$\alpha$ と $\dfrac{a+b}{2}$（，及び $\dfrac{c+a}{2}$ と $\beta$）の大小，そして $\dfrac{a+b+c}{3}$ がどこに入るか，ということになる．

### 局盤〈2〉での次の一手：

**イ**）$1-4m<0$ の場合，$x^2-x+m<0$ なので $x=\dfrac{1}{3},\ \dfrac{2}{3}$ で $f(x)$ は 2 回の符号変化．

**ロ**）$1-4m=0$ の場合，$x^2-x+m=0$ は $x=\dfrac{1}{2}$ で重解をとるが，そこでは $f(x)$ の符号の変化は生じない．

この場合，**イ**）と結果は同じ．

**ハ**）$1-4m>0$ の場合，$x^2-x+m$ の対称軸が $\dfrac{1}{2}$ なので，本質的に以下のように 3 通りの**概略図**があり得る

$\left(\alpha=\dfrac{1-\sqrt{1-4m}}{2},\ \beta=\dfrac{1+\sqrt{1-4m}}{2}\right)$：

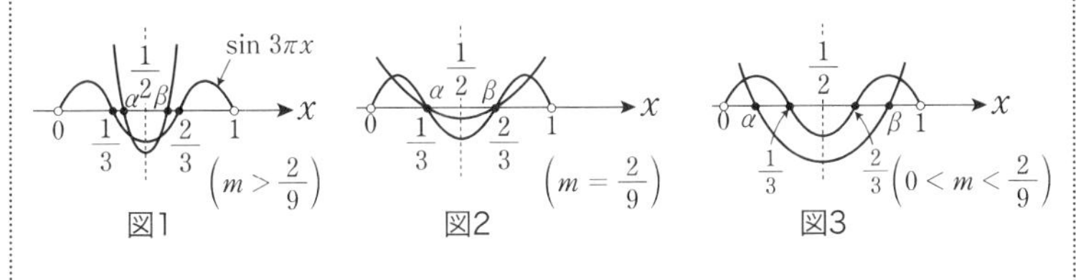

図1　図2　図3

**図 1**　$\left(\dfrac{2}{9}<m<\dfrac{1}{4}\right)$ では $x=\dfrac{1}{3},\ \alpha,\ \beta,\ \dfrac{2}{3}$ で $f(x)$ $(0<x<1)$ は 4 回の符号変化．

**図 2**　$\left(m=\dfrac{2}{9}\right)$ では $f(x)$ の符号変化なし．

**図 3**　$\left(0<m<\dfrac{2}{9}\right)$ では $f(x)$ は 4 回の符号変化．

$\boldsymbol{m\leqq 0}$ では $f(x)$ は 2 回の符号変化．

$$\therefore\ f(x) \text{ の符号変化} \begin{cases} m \leqq 0,\ m \geqq \dfrac{1}{4} \text{ の場合 2 回} \\ 0 < m < \dfrac{2}{9},\ \dfrac{2}{9} < m < \dfrac{1}{4} \text{ の場合 4 回} \\ m = \dfrac{2}{9} \text{ の場合 0 回.} \end{cases}$$

**解説または意見** 解答の仕方は人によって結構な違いが生じ得るので,「**次の一手**」の構成はやりづらい問題である. しかし, いずれにしても, **$m$ の場合分けをきちんとやれるか**, という点が要所になっているので, その構成は妥当でもあろう.

**解答**中, **ハ)** の場合の $m$ の場合分けについて少し解説しておく. 例えば, $\alpha = \dfrac{1-\sqrt{1-4m}}{2} > \dfrac{1}{3}$ というのは, $1 > 3\sqrt{1-4m}$, 従って $m > \dfrac{2}{9}$ となる. (これは, $\beta = \dfrac{1+\sqrt{1-4m}}{2} < \dfrac{2}{3}$ の方を解いても同じこと.) そして, $\boldsymbol{\dfrac{2}{9} < m < \dfrac{1}{4}}$ **の場合**, $f(x)$ の符号は

$$0 < x < \frac{1}{3} \text{ で } +,\quad \frac{1}{3} < x < \alpha \text{ で } -,\quad \alpha < x < \beta \text{ で } +,$$

$$\beta < x < \frac{2}{3} \text{ で } -,\quad \frac{2}{3} < x < 1 \text{ で } +$$

となるので, $0 < x < 1$ での符号変化は 4 回ということになる訳である (このようなことは即座にわからなくてはならない). なお, 2 次関数の頂点の $y$ 座標については, うるさく気にかける必要はない.

## 第三・第四番
**勝負**

# 2次方程式と2次関数（続）

**2次方程式と2次関数**は極めて重要なので，もう少しその界隈を散策することにする．今度の勝負では，基本問題と場合分けの煩わしい問題を扱ってみる．

**【問題1】**

$xy$ 座標平面に放物線 $C: y=x^2$ がある． $0 \leqq x \leqq \sqrt{a}$ $(a>0)$ において，点 $(0,\ a)$ と $C$ との距離の最小値を求めよ．

《持ち時間・20分》

**解答過程**

$C: y=x^2$ $(0 \leqq x \leqq \sqrt{a})$ 上の任意の点を $(x,\ x^2)$ とし，この点と点 $(0,\ a)$ との距離を $\ell$ で表す：

$$\ell^2 = x^2 + (x^2 - a)^2 = x^4 + (1-2a)x^2 + a^2.$$

$x^2 = t$ とおくと， $0 \leqq t \leqq a$ であり，

$$\ell^2 = t^2 - (2a-1)t + a^2 = \left(t - \frac{2a-1}{2}\right)^2 + \frac{4a-1}{4}$$

となる．

**■局盤〈1〉** $t$ の2次関数としての対称軸は $\dfrac{2a-1}{2}$ なので，その位置によって場合分けをする．軽く捌（さば）いて詰めるべき**その一手**は？

**【問題 2】**

$x$ の 2 次方程式 $x^2+a|x-1|+b=0$ が異なる実数解をちょうど 2 個もつとき，点 $(a,\ b)$ の存在する範囲を $ab$ 平面に図示せよ．

《持ち時間・25 分》　　東北大(理系)・平成 10(前)

**解答過程**

$a \gtreqless 0$ で場合分けをすることにする．

**ア）$a=0$ の場合**

$b<0$ である場合に限り，方程式 $x^2=-b$ は，異なる 2 実数解 $x=\pm\sqrt{-b}$ をもつので，題意に適う．（以後，「異なる」という語句は省略する．）

**イ）$a>0$ の場合**（$b<0$ でなくてはならない）

問題の方程式を $-x^2=a|x-1|+b$ とし，$y=-x^2$ と $y=a|x-1|+b$ のグラフを利用する．

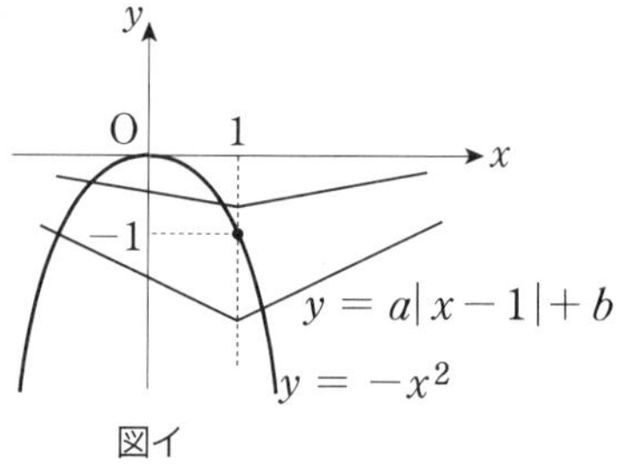

図イ

**イ－1）** $b<-1$ の場合

任意の $a>0$ に対して方程式は 2 実数解をもつ．

**イ－2）** $-1\leqq b<0$ の場合

$-x^2=a(1-x)+b$

$\longleftrightarrow x^2-ax+a+b=0.$

この 2 次方程式の判別式が正となることが条件だから，

$a^2-4(a+b)>0.$

$\therefore\ b<\dfrac{a^2-4a}{4}\ \ (-1\leqq b<0)$ 　**イ－2**）は，これで決まり！

**■局盤〈2〉**

**問題様**：本当かね？ ヘボ手じゃないのか？

**怪答者**：ヘボ手？

**問題様**：その場合は，**判別式だけでは決まらないのだ.**

**怪答者**：エーッ？ どうして？？

**怪答者**は，早合点しやすい人のようであるが，それを指摘されても，まだ，何が足りないのか気付かないようである．では，そこを埋め合わせるべき**次の一手**は？

**局盤〈1〉での次の一手：**

$\dfrac{2a-1}{2}<0\ \ (a>0)$ **の場合**

$t=0$ で $\ell^2$ は最小値 $a^2$ をとる.

$0 \leqq \dfrac{2a-1}{2}\ \ (<a)$ **の場合**

$t=\dfrac{2a-1}{2}$ で $\ell^2$ は最小値 $\dfrac{4a-1}{4}$ をとる.

$$\therefore \begin{cases} 0<a<\dfrac{1}{2} \text{ の場合，求める最小値 } a \ (x=0 \text{ のとき}) \\ a \geqq \dfrac{1}{2} \text{ の場合，求める最小値} \dfrac{\sqrt{4a-1}}{2}\ \left(x=\sqrt{\dfrac{2a-1}{2}} \text{ のとき}\right) \end{cases}$$

……答

**解説または意見** 問題は易しいが，意味のある問題である．これは，**太陽を焦点とする彗(すい)星の放物運動**で，その彗星が太陽に最接近したときの様子をモデルとしたものである． $a=\dfrac{1}{4}$ とすれば，座標 $\left(0,\ \dfrac{1}{4}\right)$ は放物線 $x^2=y$ の焦点と一致し，上述のような最接近距離も $\dfrac{1}{4}$ になる訳である．**彗星は，その最接近の時に最もくっきりとした箒(ほうき)星を形成する.**

 **局盤〈2〉での次の一手：**

さらに，$-a>-2$ $(a>0)\longleftrightarrow 0<a<2$．この事と判別(不等)式より

$$b<\frac{a^2-4a}{4}\quad(0<a<2,\ -1\leqq b<0).$$

**ウ）$a<0$ の場合**

方程式を $x^2=-a|x-1|-b$ とし，$y=x^2$ と $y=-a|x-1|-b$ のグラフを利用する．

**ウ－1）** $-b>1$ の場合

任意の $a<0$ に対して方程式は 2 実数解をもつ．

**ウ－2）** $0\leqq -b\leqq 1$ の場合

$-a<2$，**または**方程式 $x^2=-a(x-1)-b$，即ち，$x^2+ax+b-a=0$ が虚数解をもつことが条件：$a>-2$，**または**

$$a^2-4(b-a)<0\longleftrightarrow b>\frac{a^2+4a}{4}.$$

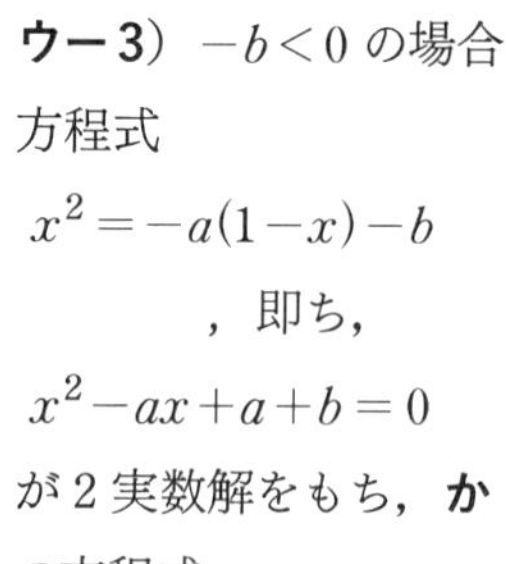
**ウ－3）** $-b<0$ の場合

方程式

$x^2=-a(1-x)-b$

，即ち，

$x^2-ax+a+b=0$

が 2 実数解をもち，**かつ**方程式

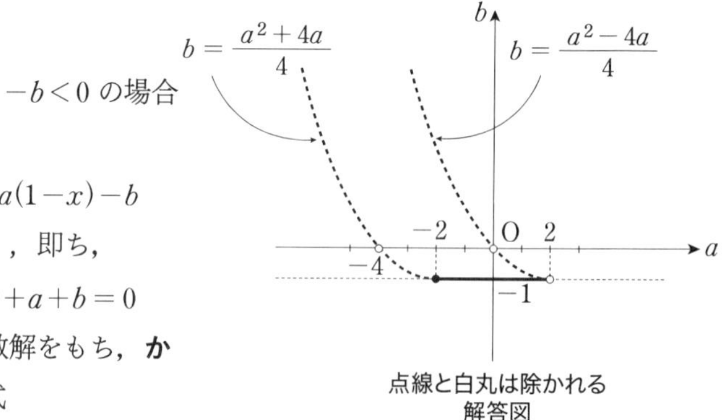

点線と白丸は除かれる
解答図

$x^2+ax+b-a=0$ が虚数解をもつことが条件：

$$a^2-4(a+b)>0 \quad \textbf{かつ} \quad a^2-4(b-a)<0$$

$$\longleftrightarrow b<\frac{a^2-4a}{4} \quad \textbf{かつ} \quad b>\frac{a^2+4a}{4}.$$

**ア)〜ウ)**より求めるべき範囲は前頁(ページ)の**解答図**の通り.

解説または意見　**「次の一手」**：$-a>-2$ $(a>0)$ の意味が分からない，という人が多いであろうから，解説しておく．$x<1$ では，$y=a|x-1|+b=-ax+a+b$ となる．$-a=-2$ という此の“$-2$”**は，点 $(1,\ -1)$ での $y=-x^2$ の接線の傾き**である．そして，$-1\leqq b<0$ であっても，$-a>-2$ という条件がないと，$-a<-2$ も許容されて，**その範囲まで入ってはならない**判別条件 $a^2-4(a+b)>0$ が侵入してくる，ということに注意せよ.

ところで, 2次方程式が重解をもつとき，それは，原則として，同一の2実解とするが，放物線と直線の接点(共有点)としては1個と数える．本問の場合では，文脈から重解や共通実解を1個とみなして，**方程式が2種類の実数解をもつ条件を求める**，と解釈するべきである．**解答**中の場合分けは，全てその立場をとっている.

あと，上の**解答**では，**ア)〜ウ)**の結果をまとめてはいないが，本問の場合，その必要はない.

なお，$x\geqq 1$ または $x<1$ として2次方程式のままで解いてもよいが，計算が煩わしいであろう．当**解答**の方は**計算は楽だが，頭を使う.**

本問は，結構な直観力を要するので，難易としては“やや難”の部類に入るであろう．受験生は完答などできなくとも合格はするのであるから，**部分点をどれだけ稼ぐか**の勝負であったろう．(このようなことは，勿論，東北大に限ったことではない.)

第五・第六番
勝負

# 放物線の問題・今は昔

「**今は昔**」という古語は，“今となっては昔のことだが”，と解釈するのが定説になっている．定説となれば，異論を発表する人がいなくなるのは，それが絶対正当，と思い込んでしまうからであろう．だから，“権威”らしきものをもった人間が断言すると，ウソでも，大勢の人間が信じ込んでしまうのである．そして，定説を覚えることが“優等生”と言われるものになるための条件らしくなる．――こうして，定説をひっくり返す程の「独創的仕事」のできる人間が少なくなり，「受け売り上手」が急増する．異説すらない“学問”など，発展性のない退屈至極なものでしかないが，しかし，定説をひっくり返されては，“権威者”たるもの，面目丸潰(つぶ)れになりかねないゆえ，サポーターどもに手回しして，異説を発表する者を陰で罵(のの)り，評判落ちにしようとするのは，“象牙の塔”の世界に限らない．

さて，「**今は昔**」であるが，上の解釈は文法的にもニュアンスとしても奇妙，と(――いささか場違いだが，)此処に異説を発表する：“**今語る此の物語の舞台は昔**”，と解釈するべきであろう(この違い，おわかり戴けたであろう)．それ故，ここで扱う問題は，“今となっては昔の問題だが”，ではなく，“**今扱うこれらの問題の舞台は昔**”，というわけである．

今回は，(日本の大学入試制度の始まりどころではない程の)昔々から扱われてきた**放物線**で，それを題材とした入試過去問を解くことにする．放物線の問題は非常に古典的問題でかつ単純な図形の問題なのだが，2次曲線であるため，へたな計算をすれば，てんやわんやに振り回されかねない．では，スマートな計算力の要求される2問へ――「**今は昭和47年**」と「**今は平成4年**」として，“**タイム・マシン**”**で昔に行ったつもり**で，挑戦されてみよ．

**【問題 1】**

次の**条件**を満たす点 P の存在範囲を図示せよ．

**条件**：放物線 $y=x^2+4x$ 上に直線 OP に関して対称な相異なる 2 点が存在する．

**《持ち時間・30 分》** **大阪大(理系)・昭和 47 年**

**解答過程**

**図**のように，直線 OP を $y=kx$ $(k \neq 0)$，OP に関して対称になる放物線上の 2 点を $(x_1, y_1)$, $(x_2, y_2)$ $(x_1 \neq x_2)$ とする．このとき

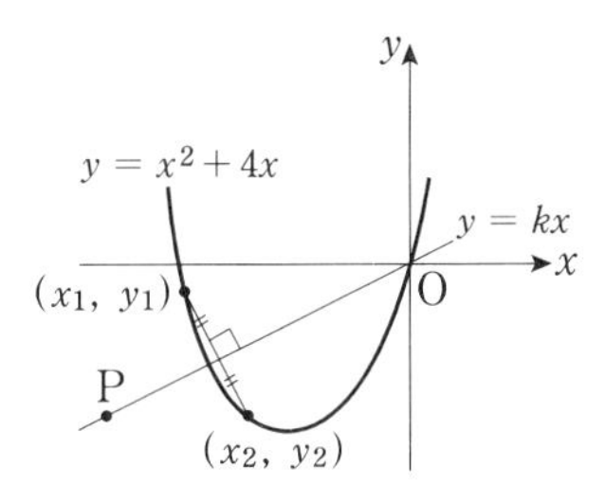


$\dfrac{y_1+y_2}{2}=k\cdot\dfrac{x_1+x_2}{2}$ が成り立ち，

$y_1=x_1^2+4x_1$, $y_2=x_2^2+4x_2$ だから，上式は

$$x_1^2+x_2^2=(k-4)(x_1+x_2). \qquad \cdots\cdots\cdots①$$

さらに $k\left(\dfrac{y_1-y_2}{x_1-x_2}\right)=-1$ が成り立つから，この式の $y_1$ と $y_2$ を消去して

$$k(x_1+x_2)=-(4k+1). \qquad \cdots\cdots\cdots②$$

**■局盤〈1〉** 式の羅列はこれくらいにして，**問題の意味**であるが，すぐ納得できたであろうか？ 納得できているなら，以後の方針は一目瞭然であろう．では，その方針となる**軽い一手**は？

**【問題 2】**

$f(x)$, $g(x)$ を 2 次関数とし，2 つの放物線 $F: y=f(x)$, $G: y=g(x)$ を考える．ただし，$F$ は下に凸で原点 O を頂点とし，$G$ は上に凸でその頂点 A は O と異なるものとする．$G$ の上の点 P を直線 OA 上にはないようにとる．点 O を通り直線 AP に平行な直線と $F$ との交点のうち，O 以外の点を Q とする．さらに，直線 OA と直線 PQ の交点を R とする．

このとき，線分の長さの比 $\dfrac{\mathrm{AR}}{\mathrm{OR}}$ は点 P のとり方に関係なく一定であることを示せ．

**《持ち時間・30 分》**　　**大阪大(理系)・平成 4 年**

**解答過程**

問題から**図**のように記号等が設定される．

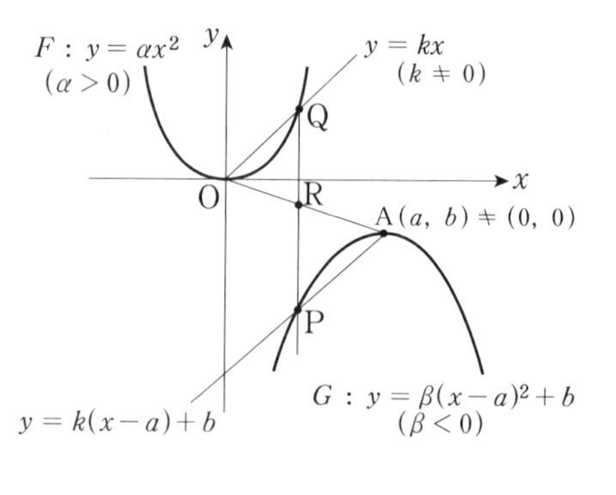


点 $\mathrm{P}(\neq \mathrm{O})$ の座標は

$$\beta(x-a)^2+b$$
$$=k(x-a)+b$$

より

$$\left(\frac{k}{\beta}+a,\ \frac{k^2}{\beta}+b\right).$$

点 $\mathrm{Q}(\neq \mathrm{O})$ の座標は

$$\alpha x^2=kx \quad \text{より} \quad \left(\frac{k}{\alpha},\ \frac{k^2}{\alpha}\right).$$

**■局盤〈2〉**　局盤は 2 点 P, Q の座標を求めたところまで．これから $\dfrac{\mathrm{AR}}{\mathrm{OR}}$ の計算に向かってゆくのであるが，解答方針はいくつかある．が，此処では，できるだけ最短コースの解答をしてみられたい．では，そのための**次の一手**は？

**局盤〈1〉での次の一手：**

> 点 P は原点 O 以外の点であって，その存在範囲は直線 OP の傾き $k$ で決まる． $k$ の範囲は 2 次方程式 $t^2-(x_1+x_2)t+x_1x_2=0$ が異なる 2 実解をもつ条件より決まる．

この 2 次方程式は，①と②より

$$t^2+\frac{4k+1}{k}t+\frac{1}{2}\left(\frac{4k+1}{k}\right)\left(\frac{k^2+1}{k}\right)=0$$

となるから，判別式の条件は

$$(4k+1)^2-2(4k+1)(k^2+1)>0\ ，つまり，$$

$$(4k+1)(2k^2-4k+1)<0\ .$$

故に $k<-\dfrac{1}{4}$ または

$$\frac{2-\sqrt{2}}{2}<k<\frac{2+\sqrt{2}}{2}.$$

求める存在範囲の**図示**は**右の斜線のようになる．（点線と ○ 印は除かれる．）**

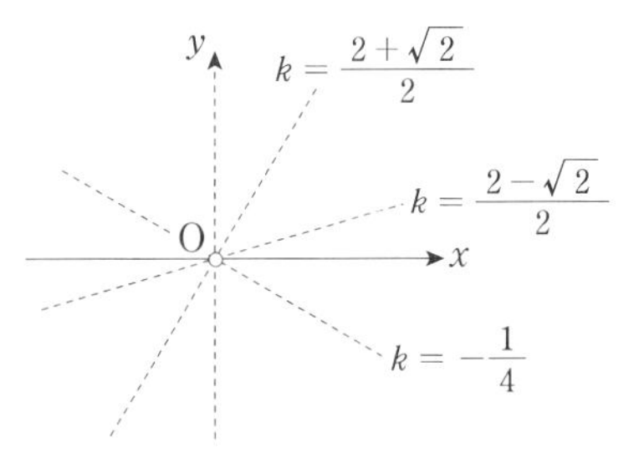


解説または意見　**今は昭和 47 年の舞台．**要領のよい計算力が要求される問題でもあって，計算ミスをしないで完答できた受験生はどれだけいたのか？ $x_1$，$x_2$ のどちらかの 1 文字消去に走ってガチャガチャと計算した人は多かったのではなかろうか．

　当時に限らず， $x_1$，$x_2$ の 1 文字消去をして平然としている人は，(高校数学程度であれ，)「数学」たるものをまるで分かっていない，といわれかねないので，基本的に学習をし直すこと．

**局盤〈2〉での次の一手：**

△ORQ∽△ARP だから，AR：OR＝AP：OQ.

ここに

$$\mathrm{AP}=\sqrt{\left(\frac{k}{\beta}\right)^2+\left(\frac{k^2}{\beta}\right)^2}=\left|\frac{k}{\beta}\right|\sqrt{1+k^2},\quad \mathrm{OQ}=\left|\frac{k}{\alpha}\right|\sqrt{1+k^2}.$$

$$\therefore\ \frac{\mathrm{AR}}{\mathrm{OR}}=\frac{\mathrm{AP}}{\mathrm{OQ}}=\left|\frac{\alpha}{\beta}\right|\ (\text{一定}).$$ ◀

**解説または意見**　**今は平成 4 年の舞台．**出題者は，きっと，“多くの受験生が，直接的に直線 PQ の方程式を求めようとするだろう，つまり，

$$y=\frac{\dfrac{k^2}{\alpha}-\left(\dfrac{k^2}{\beta}+b\right)}{\dfrac{k}{\alpha}-\left(\dfrac{k}{\beta}+a\right)}\left(x-\frac{k}{\alpha}\right)+\frac{k^2}{\alpha}$$

として，てんやわんやになってもて余すだろう”，と予想したであろう．その意味で，本問は“**嵌**(は)**め手問題**”であって，それだけに難問の部類に入れ得るものである．

「直接やれば，上のように計算量は必ず膨大になって，もて余しやすいのか？」，というと，そうでもない．ここでは「**次の一手**」に相応しい解答を，ということで，（デザルグ流の比例幾何的）最短コースの**解答**を披露，というわけ．

少し高級な事を述べると，この問題の点 P はある種の「**群**」といわれるものによって固定点となる点であって，その道の専門家には計算するまでもなく，幾何学的に明らかな事なのである．座標軸なしで明らかなことなのだが，それを座標平面での問題にし，かつ放物線の 1 頂点を原点 O にしたのは，出題者の親心であろう．

*　　　　　　　　　　*

今回は2問とも阪大の問題になってしまったが，それだけ，むしろ阪大が放物線（──広く**2次曲線**）の問題を好むから，ということを示唆していることになる．それは，阪大にはその方面の代数学的専門家がいるからなのであって，このことからも入試問題は，結構，大学の入試委員の専攻を伺わせるものがある，といえるのである．

放物線を含めた2次曲線は，円錐面を切ったときに得られるため，**円錐曲線**ともいわれている．その一般的考察にはベクトル的ないしは代数的考察が威力を発揮してくる．

変換に対する不変概念などいうものを考えず，ただ，座標軸平面で，放物線とか直線とかの方程式を立ててカリカリと計算するのは，大体，（入試数学を含めた）高校数学から多くの大学初年級数学までのこと，と思ってよい．

# 第七・第八番 勝負　整式の変形

**整式の変形**を強く要求する問題には技巧的なものが多い．問題の目的に応じて式変形がなされるのであるが，入試問題の多くは，問題そのものよりも，（そういう問作をした）**出題者の意図を見抜けば，解けるようになっている．**要するに，そのようなときは，ある1点に縺(もつ)れさせた糸をほどけばすぐ片付くわけである．斯(か)様な“出題画策集”を知っていれば“解ける”というのは，「数学の力」といえるもの**ではない**が，今の入試形体上，受験生は，一通り学んでおかなくては（入試難関校を志望する限り），合格は困難となる．

此の度は，**整式の値が正**になるように作られた問題を扱う．その際，解答結果は“$(\text{実数})^2 \geqq 0$”というものに集中してくる．対象とするのは2次式，3次式である．

**【問題1】**

実数 $a, b, c$ に対し $g(x)=ax^2+bx+c$ を考え，$u(x)$ を $u(x)=g(x)g\left(\dfrac{1}{x}\right)$ で定める．

(1) $u(x)$ は $y=x+\dfrac{1}{x}$ の整式 $v(y)$ として表せることを示しなさい．

(2) 上で求めた $v(y)$ は $-2 \leqq y \leqq 2$ の範囲のすべての $y$ に対して $v(y) \geqq 0$ であることを示しなさい．

《持ち時間・25分》　慶應大（理工）・平成12

**解答過程（例）**

(1)

$$u(x)=(ax^2+bx+c)\left(\frac{a}{x^2}+\frac{b}{x}+c\right)$$
$$=ac\left(x^2+\frac{1}{x^2}\right)+(a+c)b\left(x+\frac{1}{x}\right)+a^2+b^2+c^2$$
$$=ac\left\{\left(x+\frac{1}{x}\right)^2-2\right\}+(a+c)b\left(x+\frac{1}{x}\right)+a^2+b^2+c^2.$$

故に　$v(y)=acy^2+(a+c)by+a^2+b^2+c^2-2ac$．◀

(2)　$ac>0$ の場合

$$v(y)=ac\left(y+\frac{a+c}{2ac}b\right)^2+\frac{4ac\{(a-c)^2+b^2\}-(a+c)^2b^2}{4ac}.$$

対称軸 $-\dfrac{a+c}{2ac}b$ の位置で場合分け，…….

■**局盤〈1〉**　「$v(y)$ $(-2\leqq y\leqq 2)$ は $y$ の2次関数だから，…」ということで，そのスジで解くように見せかけた問題である．上の**解答過程**は，苦戦して時間切れになりそうな例である．(2) は**やり直し**．罠にはまらないように出題者の意図を見抜いて解く**次の一手**は？

**【問題 2】**

実数 $a$, $b$ に対し，$f(x)=x^3+x^2+(a+b-a^2)x+ab$ とおく．

(1) $f(x)$ を因数分解せよ．

(2) すべての $x\geqq 0$ に対し，$f(x)\geqq 0$ が成り立つための条件を求め，それを満たす点 $(a, b)$ の存在する範囲を図示せよ．

**《持ち時間・45 分》**　　**東京工大・平成 12（後期）**

**解答過程**

(1) $f(-a)=0$ となるから，

$$f(x)=(x+a)\{x^2+(1-a)x+b\}$$ ……**答**

(2) **$a \geqq 0$ の場合**

$x \geqq 0$ において $x+a \geqq 0$ はつねに成り立つので，2次関数 $g(x)=x^2+(1-a)x+b$ の対称軸 $\dfrac{a-1}{2}$ が $\dfrac{a-1}{2} \geqq 0$ ならば，$g(x)$ の

$$判別式 \leqq 0\ ，即ち，\ (1-a)^2-4b \leqq 0$$

であればよいし，$\dfrac{a-1}{2}<0$ ならば $g(0)=b \geqq 0$ であればよい．よって　$b \geqq \dfrac{(a-1)^2}{4}$ $(a \geqq 1)$，　$b \geqq 0$ $(0 \leqq a < 1)$．

**$a<0$ の場合**

$y=f(x)$ のグラフを描いて……？

■**局盤〈2〉**「**$a<0$ の場合**」を力づくで解こうとするのは無謀では？もう少しスマートにやらないと，時間がありそうでも，時間切れになりやすい．では，そのスマートな**次の一手**は？

**局盤〈1〉での次の一手：**

(2) $v(y)$ の $y$ について：$|y|=|x|+\dfrac{1}{|x|} \geqq 2$.
この事と $|y| \leqq 2$ より $y=\pm 2$.

$v(2)=a^2+b^2+c^2+2(ac+bc+ca)=(a+b+c)^2 \geqq 0,$

$v(-2)=a^2+b^2+c^2+2(-ab-bc+ca)=(a-b+c)^2 \geqq 0.$ ◀

または，**出題側が，**もし「(1) で定めた $y=x+(1/x)$ のことは忘れよ」，**というつもりなら，**

$$v(y)=b^2+(a+c)yb+acy^2+(a-c)^2$$

$$=\left(b+\frac{a+c}{2}y\right)^2-\left(\frac{a+c}{2}y\right)^2+acy^2+(a-c)^2$$

$$=\left(b+\frac{a+c}{2}y\right)^2+(a-c)^2-\left(\frac{a-c}{2}y\right)^2$$

$$=\left(b+\frac{a+c}{2}y\right)^2+(a-c)^2\left(1-\frac{y}{2}\right)\left(1+\frac{y}{2}\right).$$

$-2\leqq y\leqq 2$ より $\left|\frac{y}{2}\right|\leqq 1$ なので， $v(y)\geqq 0\quad(|y|\leqq 2)$. ◀

**解説または意見**　「**次の一手**」の箇所を見れば，一目瞭然であろうが，前者は，相加・相乗平均の見地からの**自然な解答**：後者(——こちらが，出題側の用意していた解答であろう——)は， $v(y)$ を $b$ の 2 次式と見て，直ちに糸はほどける．さて， $(ax^2+bx+c)(a+bx+cx^2)=0$ は $ac\neq 0$ なら，**相反 4 次方程式**である． $u(x)$ ，従って $v(y)$ は，その 4 次方程式を解く際の変形式( $x^2$ で両辺を割って $x+\frac{1}{x}=y$ と置く)を関数と見做(な)しただけのものだが，問題は少し camouflage されている故に易しくはないであろう．

### 局盤〈2〉での次の一手：

$$g(x)=x^2+(1-a)x+b=(x+a)\cdot(x\ \text{の 1 次式})$$

という形に因数分解されなくてはならない．

従って， $g(-a)=0$ となるべきなので，

$$2a^2-a+b=0\ ,\ \text{即ち，}\ b=a-2a^2$$

を得る．故に

$$x^2+(1-a)x+b=x^2+(1-a)x+a(1-2a)$$
$$=(x+a)(x+1-2a)$$

となり，確かに $f(x)=(x+a)^2(x+1-2a)\geqq 0\quad(x\geqq 0)$

$(\because\ a<0$ より$)$.

$$\therefore\ \begin{cases} b\geqq \dfrac{(a-1)^2}{4} & (a\geqq 1) \\ b\geqq 0 & (0\leqq a<1) \\ b=a-2a^2 & (a<0) \end{cases}$$ ……**答**

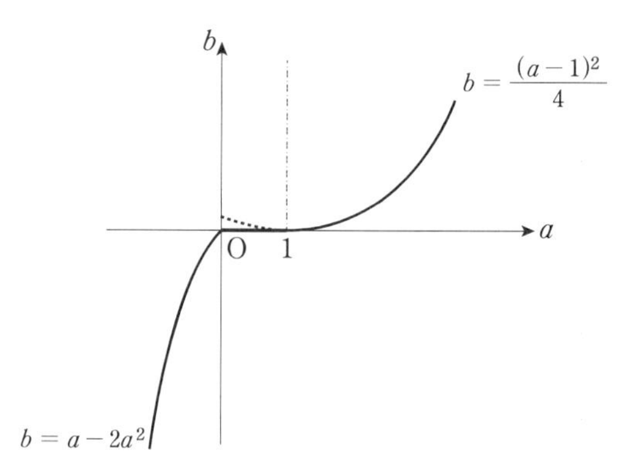


$(a,\ b)$ の存在範囲は**上図の斜線部分（実線の境界は含まれる）と曲線の実線部分**

**解説または意見** (2) における $\boldsymbol{a<0}$ **の場合**の「**次の一手**」であるが，$f(x)=(x+a)g(x)$ では，因数 $x+a$ が，$0\leqq x\leqq -a$ のとき $x+a\leqq 0$ となるので，$g(x)$ の方から $x+a$ を引き出して $(x+a)^2\geqq 0$，とできねばならないわけである．この類の問題は微分法で解く傾向が強いが，それにこだわると，もたつくのでは？

*　　　　　　　　　　　　　　*

整式に限らず，式変形の計算技巧性のみを要求するような問題は，その結果から意味あるものが殆ど見出されない．これは結果から**逆手順**で作られた問題の致命的欠陥である．世に，「**生きた苗木の如き数学**」を所望するのは無駄であろうか．

第九・第十番
勝負

# 整式の美

**多項式**，特に $x$ の**整式** $A(x)$ において，$A(x)$ を**整式** $B(x)$ で割ったとき，

$$A(x)=B(x)Q(x)+R(x) \quad (R(x)\text{の次数}<B(x)\text{の次数})$$

となる整式 $Q(x)$，$R(x)$ が一意に存在する．$Q(x)$，$R(x)$ は，それぞれ**商**，**剰余**といわれるものである．

$B(x)=x-\alpha$（$\alpha$ は定数）のとき，$R(x)$ は一定の数であり，$A(x)=(x-\alpha)Q(x)+r$（$r$ は定数）となる．これにより，$r=A(\alpha)$ を得る．これは，**剰余定理**といわれる．此の度は，このような立場で，**整式**に関する問題との対局である．

**【問題 1】**

次の各問いに答えよ．

(1) $x$ の整式 $P(x)$ を $x-1$ で割った余りが 1，$x-2$ で割った余りが 2，$x-3$ で割った余りが 3 となった．$P(x)$ を $(x-1)\cdot(x-2)(x-3)$ で割った余りを求めよ．

(2) $n$ は 2 以上の自然数とする．$k=1, 2, \cdots, n$ について，整式 $P(x)$ を $x-k$ で割った余りが $k$ となった．$P(x)$ を $(x-1)\cdot(x-2)\cdot\cdots\cdot(x-n)$ で割った余りを求めよ．

《持ち時間・25 分》　　神戸大（理系）・平成 11（後）

**解答過程**　(1) $P(x)=(x-1)(x-2)(x-3)Q(x)+ax^2+bx+c$ と表すと，

$$P(1)=1=a+b+c,\quad P(2)=2=4a+2b+c,$$

$$P(3)=3=9a+3b+c.$$

これらより $a=0, b=1, c=0$．よって求める余りは　$x$　……答

(2)　$P(x)=(x-1)(x-2)\cdots\cdots(x-n)Q(x)+a_0x^{n-1}+a_1x^{n-2}+\cdots+a_{n-2}x+a_{n-1}$ と表すと，

$$P(1)=1=a_0+a_1+\cdots+a_{n-2}+a_{n-1},\quad P(2)=2=\cdots$$

**■局盤〈1〉**

**酒田三吉**（さんきち）：うーむ？ この手は好かんな，待った．やり直し．

**設問(2)**：「待った？」．勝負に，そりゃあねえですぜ，旦那（だんな）！

**小春**：まあ，まあ，(2)さん．**“弘法も筆の過（あやま）り”**って，いうでしょう？ 待ってあげては？ 三吉さん，好手がありそうだから．（と，脇から三吉の為に一声．）

**設問(2)**：小春ちゃんがそう言うなら待ちましょう．しょうのねえ，おっさんだ．「待った」は，これっ切りですぜ．

**酒田三吉**：おっ，助け舟，ありがとうよ，小春ちゃん．それじゃ，可愛い小春ちゃんの為にも一手決めてやるか．そいつはな，….（と，将棋盤ならぬ問題盤上を睨（にら）み，頭を使って）ピシッと好手の一手．

未来の**王将**，**酒田三吉**の決めた**その積極的一手**とは？

**【問題 2】**

$k$ を正整数とし，$x$ を変数とする $k$ 次多項式 $P_k(x)$ について次の条件

$$(\mathrm{C})\quad \begin{cases} P_k(x)-P_k(x-1)=x^{k-1} \\ P_k(0)=0 \end{cases}$$

を考える．ただし，$x^0=1$ と定める．このとき，次の問に答えよ．

(1) $k=1, 2$ に対し，$P_k(x)$ を求めよ．

(2) すべての $k \geqq 3$ に対し，条件(C)をみたす $P_k(x)$ が存在し，しかもただ一つであることを示せ．

(3) 正整数 $k$ に対し，$k$ 次の多項式 $Q_k(x)$ を次の条件が成立するように定める．

$$\begin{cases} Q_k(0)=Q_k(1)=\cdots=Q_k(k-1)=0 \\ Q_k(k)=1 \end{cases}$$

このとき，$k$ 個の整数 $c_1, c_2, \cdots, c_k$ がそれぞれただ一つ存在して

$$P_k(x)=\sum_{j=1}^{k} c_j Q_j(x)$$

と表されることを示せ．

**《持ち時間・50 分》　　東京大(理一)・平成 12(後)**

**解答過程**　(1) $P_k(0)=0$ より $P_1(x)=ax$ で，(C)より

$$P_1(x)-P_1(x-1)=1=ax-a(x-1).$$

$$\therefore\ a=1. \qquad \therefore\ P_1(x)=x \quad \cdots\cdots \text{答}$$

$P_2(x)=ax^2+bx$ として，(C)より

$$P_2(x)-P_2(x-1)=x=2ax-(a-b).$$

$$\therefore\ a=b=\frac{1}{2}. \qquad \therefore\ P_2(x)=\frac{1}{2}x^2+\frac{1}{2}x \quad \cdots\cdots \text{答}$$

(2) $P_k(x)=a_0x^k+a_1x^{k-1}+\cdots+a_{k-1}x$ と表すと，

$$P_k(x-1)=a_0(x-1)^k+a_1(x-1)^{k-1}+\cdots+a_{k-1}(x-1).$$

**■局盤〈2〉**　(1)は，ただの算数計算で済んでも，(2)はそうはゆくまい．持ち時間は 50 分でも，**力づくの計算に頼るかセンスよく解くか**で，(3)まで clear できるかどうかも決まりそうである．センスが問われる**次の一手**とは？

**局盤⟨1⟩での次の一手：**

$$
\begin{aligned}
P(x)=&(x-1)(x-2)\cdots\cdots(x-n)Q(x)\\
&+a_0(x-1)(x-2)\cdots\cdots\{x-(n-2)\}\{x-(n-1)\}\\
&+a_1(x-1)(x-2)\cdots\cdots\{x-(n-2)\}\\
&\vdots\\
&+a_{n-3}(x-1)(x-2)\\
&+a_{n-2}(x-1)\\
&+a_{n-1}
\end{aligned}
$$

と表す．（ $Q(x)$ は商.）

$P(k)=k\ (1\leqq k\leqq n)$ より

$k=1$ のとき $a_{n-1}=1$．

$k=2$ のとき $a_{n-2}+a_{n-1}=2$，上の $a_{n-1}=1$ より $a_{n-2}=1$．

$k=3$ のとき $2a_{n-3}+2a_{n-2}+a_{n-1}=3$，

以上の結果より $a_{n-3}=0$．

以下 $k\geqq 4$ では

（$a_0\sim a_{n-3}$に関する0より大きい整数係数の代数和）

$+(k-1)a_{n-2}+a_{n-1}=k$

となるので，$k=4$ では $a_{n-4}=0$，以下，順次 $a_{n-5}=0, \cdots,$ $a_1=0,\ a_0=0$ を得る.

求める余りは $a_{n-2}(x-1)+a_{n-1}=x$ ……答

**解説または意見** (1)から，すぐ，(2)の結果も $x$ であろうと，**推察できたであろうか**？

(2)であるが，当初の**酒田三吉**のやり方ではどうなるか，解説しよう：

$$
\begin{aligned}
&a_0+a_1+\cdots+a_{n-2}+a_{n-1}=1,\\
&2^{n-1}a_0+2^{n-2}a_1+\cdots+2a_{n-2}+a_{n-1}=2,\\
&3^{n-1}a_0+3^{n-2}a_1+\cdots+3a_{n-2}+a_{n-1}=3,\\
&\qquad\qquad\qquad\qquad\qquad\qquad\qquad\vdots\\
&n^{n-1}a_0+n^{n-2}a_1+\cdots+na_{n-2}+a_{n-1}=n.
\end{aligned}
$$

この連立１次方程式においては，$a_{n-2}=1$，$a_0=a_1=\cdots=a_{n-3}=a_{n-1}=0$ が上式を満たす唯一のものであることは察しがつく．しかし，これを,「上式をきちんと解くことによって導くべし」となれば，容易な事ではない．**三吉**は，明確に**導くこと**で勝負を決めたのである．

ついでに，将棋の(正式の)勝負では「待った」は**禁手**であると付け添えておこう．通常,「待った」は，勝負の最中に相手を足止めして拙い或は誤っていた自分の方針を変えるということになるので，それでは**「頭脳の勝負」**にならないからである．勝負は堂々とやるものであり，そういう人ほど,「**勝って驕らず，負けて恨まず**」の人である．

更についでであるが，**酒田三吉**こと**坂田三吉**(歴史的実在)は明治～大正期に名を揚げた“**王将**”である．**小春さん**は，やがて坂田三吉の女房となる．「小春！ わいは，名人位を目指して，やるで！」(この言葉で，どこの人かすぐわかるであろう.)

### 局盤〈2〉での次の一手：

> $$P_k(x-1)=a_0x^k+a_1'x^{k-1}+\cdots+a_{k-1}'x+a_k'$$
>
> の形をとる．ここに各係数 $a_\ell'$ $(1\leqq\ell\leqq k)$ は，２項係数が適当に掛かった $a_0$ 悄 $a_\ell$ の１次結合で表される．

そこで，$P_k(x)-P_k(x-1)=x^{k-1}$ より，$a_0$ から順に $a_1$，$a_2$，…，$a_{k-1}$ と定まるのは，未知数は $a_0\sim a_{k-1}$ の $k$ 個に対し，それらに関する**異なる**１次方程式が，ちょうど，$k$ 個だけ立式されるためで

あり，それ故それらの解が一意に定まるからである．◀

(3)与えられた条件より，因数定理で

$$Q_k(x)=ax(x-1)\cdot\cdots\cdot\{x-(k-1)\} \quad (a\ \text{は定数})$$

となり，$Q_k(k)=1$ より $a=\frac{1}{k!}$．よって

$$Q_k(x)=\frac{1}{k!}x(x-1)\cdot\cdots\cdot\{x-(k-1)\}.$$

$P_k(x)$ は適当な実数 $c_j$ $(1\leqq j\leqq k)$ を用いて

$$P_k(x)=c_1x+c_2\cdot\frac{1}{2!}x(x-1)+c_3\cdot\frac{1}{3!}x(x-1)(x-2)+\cdots$$
$$+c_k\cdot\frac{1}{k!}x(x-1)\cdot\cdots\cdot\{x-(k-1)\} \quad \cdots\cdots①$$

と表される．この式と条件(C)より

$$P_k(1)=P_k(0)+1=1=c_1. \qquad \therefore\ c_1=1.$$

$$P_k(2)=P_k(1)+2^{k-1}=1+2^{k-1}$$
$$=c_1\cdot 2+c_2\cdot\frac{1}{2!}\cdot 2!=2+c_2.$$
$$\therefore\ c_2=(1+2^{k-1})-2.$$

$$P_k(3)=P_k(2)+3^{k-1}=1+2^{k-1}+3^{k-1}$$
$$=c_1\cdot 3+c_2\cdot\frac{1}{2!}3\cdot 2+c_3\cdot\frac{1}{3!}\cdot 3!.$$
$$\therefore\ c_3=(1+2^{k-1}+3^{k-1})-\text{正の整数}.$$

以下，順次 $c_4, \cdots, c_k$ も一意に定まる．そこで，①において $x=m$（自然数）とおいたとき，$P_k(m)$ の各項 $c_n\cdot\frac{1}{n!}m(m-1)\cdot\cdots\cdot\{m-(n-1)\}$ $(1\leqq n\leqq m\leqq k)$ の因数 $\frac{1}{n!}m(m-1)\cdot\cdots\cdots\cdot\{m-(n-1)\}$ が整数であることがわかれば，$c_1, c_2, \cdots$ からの逐次代入法で $c_m$ $(m=1, 2, \cdots, k)$ が明白に整数であるといえるが，それ

は，$\dfrac{1}{n!}m(m-1)\cdot\cdots\cdot\{m-(n-1)\}={}_m\mathrm{C}_n$ なので，いえる．◀

**解説または意見**　設問(2)は，一瞬，数学的帰納法を思わせる出題形式であるが，設問**段階**では $P_k(x)$ と $P_{k+1}(x)$ には明白な関連――(C)を満たす $P_k(x)$ あっての $P_{k+1}(x)$ の構成の為の論拠付け――は見られないので，帰納法を用いるのは順当な路線とは考えられない．設問(1)は，「warm–up 兼得点」させる為と，(2)と(3)への hint を兼ねたものと思われる．合否の目安は(2)をどこまでやれたかであろう．煩わしい計算をさせることの多い東大の入試数学だが，これは，センスを問う稀少な良問といえるだろう．

尚，(2)では，少し煩わしいが，$P_k(x-1)$ を具体的に展開することによって，

$P_k(x)-P_k(x-1)=x^{k-1}$ を調べると，$a_0=\dfrac{1}{k}$，$a_1=\dfrac{1}{2}$，$a_2=\dfrac{k-1}{12}$，… と求められるので，その線で解答してもよい．一般に $P_k(x)-P_k(x-1)$ の $\ell$ 次 $(0\leqq\ell\leqq k-2)$ の項の係数は

$$\sum_{r=0}^{k-\ell}{}_{\ell+r}\mathrm{C}_r(-1)^r\cdot a_{k-\ell-r}-a_\ell=0$$

を満たす．最後に，(3)における $c_m$ は，

$$c_1=1,\ c_m=1+2^{k-1}+3^{k-1}+\cdots+m^{k-1}$$
$$-(c_1\cdot{}_m\mathrm{C}_1+c_2\cdot{}_m\mathrm{C}_2+\cdots+c_{m-1}\cdot{}_m\mathrm{C}_{m-1})\quad(m\geqq2)$$

というきれいな漸化式を与えるという事を明示しておこう．「漸化式は，自然に，結論に現れてこそ価値があるもの」だが，本問は，その条件・資格を充分に満たしたものである．出題への苦労が伺える．

＊　　　　＊

今回の**問題 2**(3)の解答は，**問題 1**(2)に対する**酒田流「次の一手」**に依拠していたことがお分かり戴けたであろうか？ 勝負師**酒田**らしい攻

略法であろう．勝負師といえば，**宮本武蔵**もそうである．けだし，京都一乗寺での吉岡一門との対決は，武蔵一人に対し，百人程の手勢といわれる．これは，将棋での「待った」どころの騒ぎではない．「卑劣な戦は，(謗りや自己弁解と並んで) 弱さと恐れの徴である」，と述べて今回の勝負を閉じる．

## 第十一・第十二番勝負　不等式と最大・最小問題

**不等式**の問題において，しばしば利用される代表選手は，**相加相乗平均の不等式やコーシー・シュワルツの不等式**などである．これらをすぐ当てがえて解ける問題は多いが，しかし，ある程度以上の問題になれば，それらをすぐ用いては，解けるようにはなっておらず，それ以前に，少なくとも．将棋用語でいう「**序盤の捌き**」の力が要求されてくる．**これで，大抵の一曲のある問題は崩れる**．入試問題としては，大体，これくらいに留めないと，時間がかなり限定されているので，壊滅状態になり，点差がつかなくなる．出題に慣れている人はそのことを考慮して出題するが，そうでない人は，あまり調整具合のよくない出題になりやすい．後者の場合，しばしばその時間内では到底無理というような問題を平然と出題する．受験生の立場からすれば迷惑になろうが，このような時は，少しでも部分点を稼ぐようにするほかない，ということになる．

此の度の問題についてだが，**問題 1** は「**序盤の捌き**」がものをいうが，**問題 2** は，序盤(今の場合では設問(1))は，計算一直線だが，「**中終盤の寄せ**」において軽妙手を要するだろう．

**【問題 1】**

$a, b, c$ は $a>0$, $b<0$, $c>0$ なる定数，$x, y$ は $\dfrac{a}{x}+\dfrac{b}{y} \geqq c$ を満たす実数の変数である．このとき，

$$F=ax+by \quad \left(x<\frac{a}{c},\ y>-\frac{b}{c}\right)$$

の最大値が存在するための条件を求め，その下での $F$ の最大値を求めよ．

**《持ち時間・30 分》**

**解答過程**　なし

■**局盤〈1〉**　分数式と見るや，「$\dfrac{a}{x}+\dfrac{b}{y}=\dfrac{ay+bx}{xy}\geqq c,\cdots$」というような“**通分変形狂**”では解答はおぼつくまい．まず，此処を柔軟に変形して，その次に明快な一手を決めないと苦しい戦(いくさ)になろう．では，**その明快な一手**は？

**【問題 2】**

$a\geqq 1, b\geqq 1, c\geqq 1$ のとき，不等式

$$\frac{a^3+b^3+c^3}{3}-abc\geqq\left(\frac{\dfrac{1}{a^3}+\dfrac{1}{b^3}+\dfrac{1}{c^3}}{3}-\frac{1}{abc}\right)abc \quad\cdots\cdots①$$

が成り立つことを以下の順で示せ．

(1) まず，①の不等式で $a=1$ の場合の不等式

$$\frac{1+b^3+c^3}{3}-bc\geqq\left(\frac{1+\dfrac{1}{b^3}+\dfrac{1}{c^3}}{3}-\frac{1}{bc}\right)bc \quad\cdots\cdots②$$

が成り立つことを示そう．以下の空欄ア～オを適当な数式または数値で埋めよ．

②の左辺から右辺を引いた式を $F$ とすれば，

$$F=\frac{1}{3b^2c^2}\{\boxed{ア}+(b^3+c^3)\boxed{イ}\}$$

となる．ここで $\boxed{ア}$，$\boxed{イ}$ は $b$ と $c$ の積 $bc$ の整式であり，条件から $\boxed{イ}\geqq 0$ である．

また，$b^3+c^3$ に相加平均・相乗平均の不等式を適用し，$\sqrt{bc}=x$ とおけば，$F\geqq\dfrac{2}{3x}\cdot f(x)$ と表される．$f(x)$ は，整

式であり，$x$ の1次式の積に因数分解できて，$f(x)=$ [ウ] と表される．$x \geqq 1$ より $f(x) \geqq 0$ であり，よって $F \geqq 0$ となるから②が成り立つ．等号は [エ] のときにのみ成り立ち，このとき式②の両辺の値は [オ] である．

(2) 不等式②を用いて①が成り立つことを示せ．また，等号が成り立つのはどのようなときか．

**《持ち時間・30 分》**　　**東京慈恵医大・平成 15**

**解答過程**

(1) $F=\dfrac{1}{3b^2c^2}\{\boxed{4b^2c^2(1-bc)}+(b^3+c^3)\boxed{(b^2c^2-1)}\}.$

$b^3+c^3 \geqq 2bc\sqrt{bc}$ が成り立つから，

$$F \geqq \frac{1}{3b^2c^2}\{4b^2c^2(1-bc)+2bc\sqrt{bc}(b^2c^2-1)\}$$

$$=\frac{2}{3bc}\{2bc(1-bc)+\sqrt{bc}(b^2c^2-1)\}$$

$$=\frac{2}{3x^2}\{2x^2(1-x^2)+x(x^4-1)\} \qquad (\because\ \sqrt{bc}=x \text{ より}).$$

$$\therefore\ f(x)=\boxed{(x-1)^3(x+1)}.$$

上不等式において，等号は $x=1$ のときだけ成り立つから，$\sqrt{bc}=1$ $(b \geqq 1,\ c \geqq 1)$ であり，従って $\boxed{b=c=1}$．②の両辺の値は $\boxed{0}$．

■**局盤〈2〉**　このように，序盤は，問題ではない．問題は(2)であり，不等式②から①に到るには，$b$ と $c$ をうまく置き換えなくてはならない．では，中盤崩しの**その軽い一手**は？

 **局盤〈1〉での次の一手：**

$\dfrac{a}{x} \geqq c - \dfrac{b}{y} = \dfrac{cy-b}{y}$．$F$ の式においての $y > -\dfrac{b}{c} > 0$ をここに適用して $x \leqq \dfrac{ay}{cy-b}$．それ故，不等式

$$F \leqq \frac{a^2 y}{cy-b} + by \leqq M \qquad \cdots\cdots(*)$$

が，$y > -\dfrac{b}{c}$ においてつねに成り立つように最小の定数 $M$ を決めればよいことになる．

$(*)$の右の不等式において分母を払い，整頓すれば

$$bcy^2 + (a^2 - b^2 - cM)y + bM \leqq 0$$

となるので，この左辺の判別式が 0 以下になる条件から $M$ の最小値をとり得る：

$$(a^2 - b^2 - cM)^2 - 4b^2 cM = c^2 M^2 - 2(a^2 + b^2)cM + (a^2 - b^2)^2$$
$$= \{cM - (a-b)^2\}\{cM - (a+b)^2\} \leqq 0 \quad (a > 0,\ b < 0,\ c > 0).$$

これより $\dfrac{(a+b)^2}{c} \leqq M \leqq \dfrac{(a-b)^2}{c}$ となり，$M$ の最小値は $\dfrac{(a+b)^2}{c}$．このとき，

$bcy^2 + (a^2 - b^2 - cM)y + bM = bc\left(y - \dfrac{a+b}{c}\right)^2 = 0$ となるから，

$y = \dfrac{a+b}{c}$．

よって，$F$ が最大値をとる条件は
（**右図**参考）

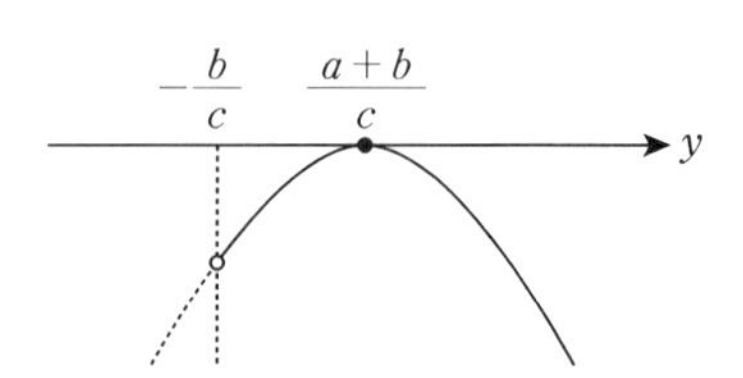

$$-\frac{b}{c}<\frac{a+b}{c}. \qquad \therefore\ a>-2b$$ ……答

$F$ の最大値は

$$\frac{(a+b)^2}{c} \quad \left(x=y=\frac{a+b}{c}\text{ のとき}\right)$$ ……答

解説または意見　条件付きの最大・最小問題で，少し難しい方になるかもしれない．**解答**中の式(＊)において，$y$ の関数 $Y=\dfrac{a^2y}{cy-b}+by$ の様相を捉えてみたいなら，

$$Y=\frac{a^2b}{c(cy-b)}+by+\frac{a^2}{c}$$

として，微分法に頼ってもよいが，parameter としての $a, b$ の条件によって本質的な**様相変化**が起こる(── これが本問の問作留意点 ──)ので，少々注意．

## 局盤〈2〉での次の一手：

(2) ②において $b, c$ を順 $\dfrac{b}{a}$, $\dfrac{c}{a}$ (ただし，$b\geqq a$，$c\geqq a\geqq 1$) として

$$\frac{a^3+b^3+c^3}{3a^3}-\frac{bc}{a^2}\geqq\left(\frac{1+\frac{a^3}{b^3}+\frac{a^3}{c^3}}{3}-\frac{a^2}{bc}\right)\frac{bc}{a^2}$$
$$=\left(\frac{\frac{1}{a^3}+\frac{1}{b^3}+\frac{1}{c^3}}{3}-\frac{1}{abc}\right)abc.$$

ところで、この左辺に対して，$a^3\times$左辺，としたものは，$a\geqq 1$ であることより，その左辺そのものより大きい(等号を含める)．これで①は示された．◀

等号の成り立つのは $\dfrac{b}{a}=\dfrac{c}{a}=1$ のとき，従って

$a=b=c$ のとき ……**答**

**解説または意見** 原出題文を少々改文させていただいたが，内容は全く同じである．出題者が原出題文で述べていることだが，「式①の右辺は 0 以上であるから，$a \geqq 1,\ b \geqq 1,\ c \geqq 1$ では $\dfrac{a^3+b^3+c^3}{3} \geqq abc$ よりも $\dfrac{\frac{1}{a^3}+\frac{1}{b^3}+\frac{1}{c^3}}{3} \geqq \dfrac{1}{abc}$ の方が厳密な不等式評価ができる」，というのが本問の趣旨である．この後者の不等式の方がより厳密であるということは，分数の効果が大きく効いてくるのであるから，大体の察しはつくが，それはもちろん**結果論**．不等式そのものとしては充分意味があるし，また，問題としても斬新なものといえるであろう．

* *

今回の**問題**は **1** も **2** も，微分法で(力づくで)解くこともできる．しかし，これにすぐ頼ろうとする受験生は，概して，「数学に弱い」ようなので，高校生読者に対しては，日頃の学習ではすぐそれに頼ろうとしないような学習を勧めておく．

## 第十三・第十四番 勝負　不等式と領域

「**次の一手**」に適した問題はなかなか見つけにくい．少し詳述するなら，一般に，入試問題というものは，結局の処，

(一) ただの計算(アルゴリズム)で済む

(二) 解答の仕方が，程無く幾通りもできる(= **どうやっても解ける**)

の，どちらかに入るものが多いからである．

尤(もっと)も高校生や受験生にとっては,「(一)でも(二)でも決して易しくはない」というものはざらにあるだろうが．

ただ，今の場合,(一)は，大概,「**次の一手**」には向かない,(二)は，人によって視点が異なってくることが多いので,「**次の一手**」の構成がやりづらい．という訳で，初めからネタ不足傾向でスタートしている．(だから，已(や)むを得ず，創作問題を加えてきている訳である．)

さて，今回の**一手**の対象は，多分，多くの人が苦手とするような**不等式と領域**の少し手強い(？)問題である．2題共，方針をしっかりと見定めれるかどうかで，大差がつきやすい問題といえるだろう．

「方針のよいこと」を，将棋用語では「**好手**」というが,「**次の一手**」は，少なくともそうであることが望ましい故，そのことを心得て問題に挑戦すべし．

**【問題 1】**

$a$ は 0 以上の実数とする．連立不等式

$$x \geqq 0,\ \ y \geqq 0,\ \ y \leqq -x^2+x+a$$

で表される領域に含まれ，1 辺が $x$ 軸上にある正方形のうち最大のものの辺の長さを $a$ で表せ．

**《持ち時間・25 分》**　**一橋大・平成 9(後)**

**解答過程**　なし

■**局盤〈1〉**　本問は序盤で明快に決めれないと，泥沼にはまりかねない．「**序盤崩し**」の**次の一手**を，図でも言葉でもよいから決めてみよ．

**【問題 2】**

$a, b$ を $1<a<b$ を満たす定数とし，$xy$ 平面で原点を中心とする半径 $a, b$ の円をそれぞれ $A, B$ とする．$0 \leqq t \leqq 1$ を動く媒介変数により，

$$x=\frac{(a+b)t-2b+1}{2},\quad y=\frac{(b-a)t+2a-1}{2}$$

と表される線分を考え，$t=0,\ 1$ に対する点をそれぞれ P, Q とする．

(1) 線分 PQ が円 $A, B$ と接しないで，一点ずつで交わるための $a, b$ の条件を求めよ．また，このときの点 $(a, b)$ の存在領域を平面上に図示せよ．

(2) 線分 PQ が領域 $E=\{(x, y)\,|\,a^2 \leqq x^2+y^2 \leqq b^2\}$ に含まれるとき，$a, b$ に関するどのような不等式が成り立つか．

**《持ち時間・30 分》**　**滋賀医大・平成 7**

**解答過程**

(1) **$t=0$ のとき** $\mathrm{P}=\left(\dfrac{1-2b}{2},\ \dfrac{2a-1}{2}\right)$，**$t=1$ のとき**

$\mathrm{Q}=\left(\dfrac{a-b+1}{2},\ \dfrac{a+b-1}{2}\right)$ なので，

$$\mathrm{OP}^2=a^2+b^2-a-b+\frac{1}{2},\ \ \mathrm{OQ}^2=\frac{1}{2}(a^2+b^2-2b+1).$$

■**局盤〈2〉**　此処までは問題なし．ここから次の決め手を明確にしないと，方向違いに進みやすい．（そして，それでは，勿論，(2) を解け

るわけがない.） では，その大切な決め手となるべき**次の一手**は？

**局盤〈1〉での次の一手：**

問題における最大の正方形（一辺の長さ $k$ ）は，傾き $\pm 1$ の直線（**図**中にはない）を $0 \leqq x \leqq \dfrac{1+\sqrt{1+4a}}{2}$ の範囲でずらしてみることで，以下の 2 通りの**様相**（**実線枠**）として得られる：

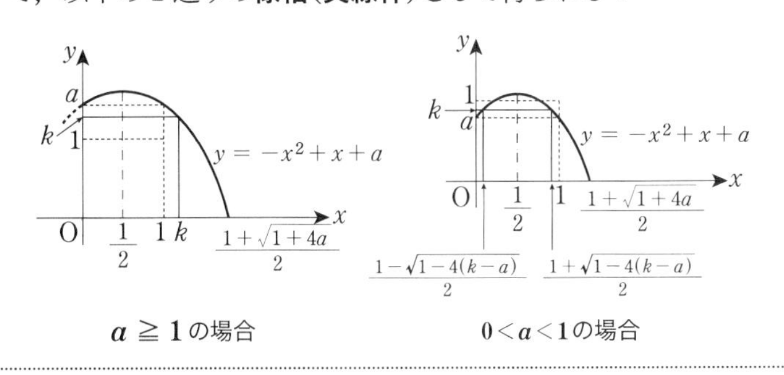


**$a \geqq 1$ の場合**　　　　**$0<a<1$ の場合**

**$a \geqq 1$ の場合**

$$k=-k^2+k+a \quad (0<k \leqq a). \quad \therefore\ k=\sqrt{a} \quad (a \geqq 1) \qquad \cdots\cdots 答$$

**$0<a<1$ の場合**

$$\frac{1+\sqrt{1-4(k-a)}}{2}-\frac{1-\sqrt{1-4(k-a)}}{2}$$

$$=\sqrt{1-4(k-a)}=k \quad \left(a<k<a+\frac{1}{4}\right),$$

となる $k$ を求めればよい：

$$k^2+4k-4a-1=0 \quad \left(a<k<a+\frac{1}{4}\right).$$

$$\therefore\ k=-2+\sqrt{4a+5} \quad (0<a<1) \qquad \cdots\cdots 答$$

**解説または意見** まず，直観的にすぐ**右図**をとらえるのである．**解答**中，「**次の一手**」における**図**で，一辺の長さ１の正方形を点線で画いたのは，そのためでもある．そうすれば，$a$ を上下にずらして，次のステップに入ってゆける．

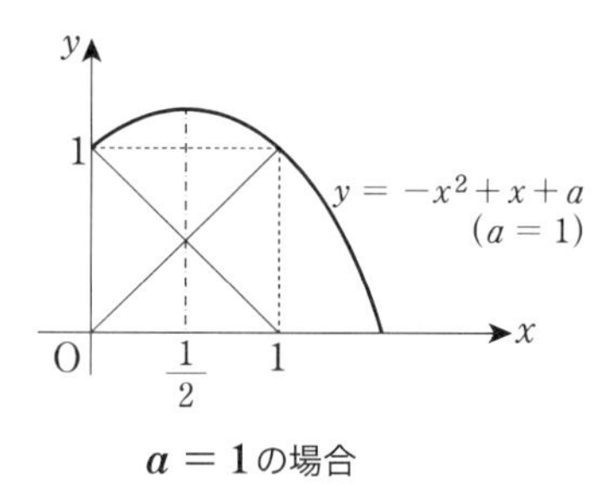


**$a=1$ の場合**

問題における**最大の正方形**では，少なくとも一つの頂点が放物線上にあるのは当然の事なので，そこに着眼する．

本問の場合，解答中で，「何故，そのような場合に最大の正方形になるのか」ということをくどくどと言及する必要はないが，どういう解答方針をとってそう断定されるのかは明示しなくてはならない．

## 局盤〈2〉での次の一手：

$$\mathrm{OP}^2-\mathrm{OQ}^2=\frac{1}{2}(a^2+b^2-2a)=\frac{1}{2}\{(a-1)^2+b^2-1\}>0$$

($\because$ $1<a<b$ より)，故に $\mathrm{OP}>\mathrm{OQ}$ ．

それ故， $\mathrm{OP}^2\geqq b^2$ かつ $\mathrm{OQ}^2\leqq a^2$ となる $a, b$ の条件を求めればよい．

$\mathrm{OP}^2\geqq b^2$ からは

$$a^2-a-b+\frac{1}{2}\geqq 0,$$

$\mathrm{OQ}^2\leqq a^2$ からは

$$a^2-b^2+2b-1$$
$$=a^2-(b-1)^2\geqq 0.$$

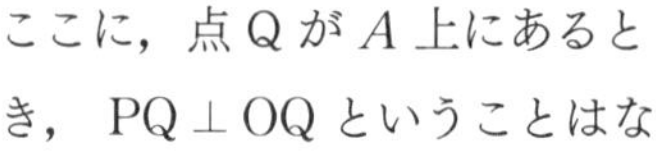
ここに，点Qが $A$ 上にあるとき， $\mathrm{PQ}\perp\mathrm{OQ}$ ということはな

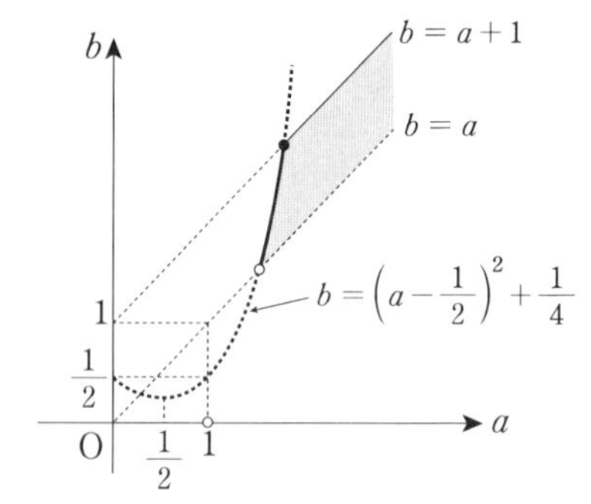


(陰影部分が求める領域で，実線と
●印は含まれ，点線と ○印は含まれない)

い．それは，$\overrightarrow{PQ}=\left(\dfrac{a+b}{2},\ \dfrac{b-a}{2}\right)$ $(1<a<b)$ より $\overrightarrow{PQ}\cdot\overrightarrow{OQ}$ $=\dfrac{a}{2}>0$ となるからである．

以上より，求める条件は次の通りで，前頁の下図が**解答図**．

$$\begin{cases} b \leqq \left(a-\dfrac{1}{2}\right)^2+\dfrac{1}{4} \\ a-b+1 \geqq 0 \end{cases} \quad (1<a<b) \qquad \cdots\cdots \text{答}$$

(2)線分 PQ 上の点を R とすれば，$OR^2=\dfrac{1}{2}(a^2+b^2)t^2+(a-a^2-b^2)t+\cdots$ となり，これが最小となる $t$ は $t=t_0=1-\dfrac{a}{a^2+b^2}$ である．

$1<a<b$ より $0<t_0<1$．それ故，原点 O から線分 PQ に下ろした垂線の足を H とすれば，問題の条件は，$OH \geqq a$，さらに(1)の**解答**序盤より $OP>OQ$ なので，$OP \leqq b$ が満たされることである．

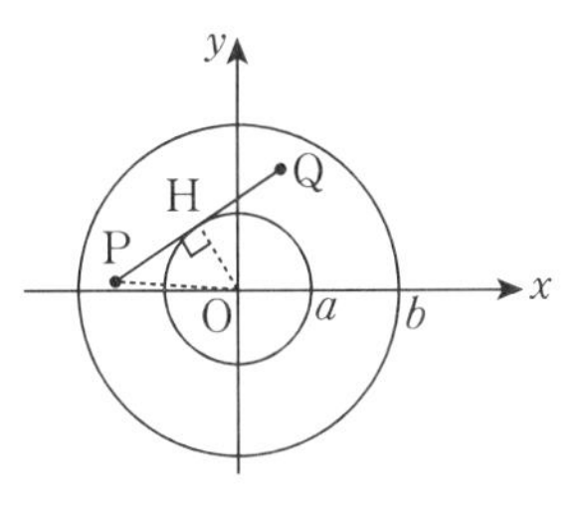


そこで，直線PQの方程式を求めると，$(b-a)x-(a+b)y+a^2+b^2-b=0$ なので，$OH \geqq a$ は，

$$OH=\frac{|a^2+b^2-b|}{\sqrt{(b-a)^2+(b+a)^2}} \geqq a\ .$$

また，$OP^2 \leqq b^2$ は，$a^2-a-b+\dfrac{1}{2} \leqq 0$．求める条件は

$$\begin{cases} a^2+b^2-b \geqq a\sqrt{2(a^2+b^2)} \\ a^2-a-b+\dfrac{1}{2} \leqq 0 \end{cases} \quad (1<a<b) \qquad \cdots\cdots \text{答}$$

**解説または意見**　(1)の解答を見てもわからない，という人は，当読者にはいないであろうから，(2)の方でその**解答**結果に就いて少し述べておく．結果には，$a^2+b^2-b \geqq a\sqrt{2(a^2+b^2)}$ という式があるが，

いま，わざわざこれを平方して見づらい式にする必要はない．多くの場合，“compact な式”はそのままの方がよい，と思ってよろしい．尚，(2)の**解答**中，$0<t_0<1$ の示す意味は大丈夫であろうか？

*　　　　　　　　　　*

今回の問題は，どちらも「**考え方の道筋のよしあし**」を試みようとしているようで，「問題の為の問題」ではあるが，「**教育的おもちゃ**」として，なかなかの良問といえるだろう．

第十五・第十六番

勝負

# 平面ベクトル

此の度は，**平面上のベクトル**の問題を解くことにする．その前に高校数学としての基本的な事柄について略述しておこう．それは，

平面上の3点 A, B, C に対して $\overrightarrow{AB}$, $\overrightarrow{AC}$, $\overrightarrow{BC}$ が定まり，

$\overrightarrow{AB}+\overrightarrow{BC}=\overrightarrow{AC}$ として，座標平面ベクトルに相応させる

というものである．これにベクトルの**大きさ**が加わって一応の**基本体系**ができ上がっている．

問題を解くことばかりに専念していると，**基本が蔑ろ(ないがし)ろになりやすい**ので，その辺りを抜かりのないようにしておかれたい．

**【問題1】**

自然数 $k$ に対し， $xy$ 平面上のベクトル

$\overrightarrow{v_k}=(\cos(45°\times k), \sin(45°\times k))$　を考える．

$a, b$ を正の数とし，平面上の点 $P_0, P_1, \cdots, P_8$ を

$$P_0=(0, 0),\ \overrightarrow{P_{2n}P_{2n+1}}=a\overrightarrow{v_{2n+1}},\ \overrightarrow{P_{2n+1}P_{2n+2}}=b\overrightarrow{v_{2n+2}} \quad (n=0,1,2,3)$$

により定める．

(1) $P_8=P_0$ であることを示せ．

(2) $P_0, P_1, \cdots, P_8$ を順に結んで得られる八角形の面積 $S$ を $a, b$ で表せ．

(3) 面積 $S$ が 7， $P_0P_4$ の長さが $\sqrt{10}$ のとき， $a, b$ を求めよ．

**《持ち時間・25分》**　**東京大(文系)・平成7(前)**

**解答過程**

(1) $\vec{v_1}+\vec{v_3}+\vec{v_5}+\vec{v_7}=\vec{0}$，$\vec{v_2}+\vec{v_4}+\vec{v_6}+\vec{v_8}=\vec{0}$ より

$$\sum_{k=0}^{3}(\overrightarrow{P_{2k}P_{2k+1}}+\overrightarrow{P_{2k+1}P_{2k+2}})=\overrightarrow{P_0P_8}$$

$$=\sum_{k=0}^{3}(a\overrightarrow{v_{2k+1}}+b\overrightarrow{v_{2k+2}})=\vec{0}\text{，従って } P_0=P_8. \quad ◀$$

(2) $\overrightarrow{P_0P_1}=\left(\frac{a}{\sqrt{2}},\ \frac{a}{\sqrt{2}}\right)$，$\overrightarrow{P_0P_2}=\overrightarrow{P_0P_1}+\overrightarrow{P_1P_2}$

$$=a\vec{v_1}+b\vec{v_2}=\left(\frac{a}{\sqrt{2}},\ \frac{a}{\sqrt{2}}\right)+(0,\ b)=\left(\frac{a}{\sqrt{2}},\ \frac{a}{\sqrt{2}}+b\right).$$

$$\overrightarrow{P_0P_3}=a(\vec{v_1}+\vec{v_3})+b\vec{v_2}=(0,\ \sqrt{2}a+b),$$

$$\overrightarrow{P_0P_4}=a(\vec{v_1}+\vec{v_3})+b(\vec{v_2}+\vec{v_4})=(-b,\ \sqrt{2}a+b).$$

**■局盤〈1〉** ここから，先を急いでガチャガチャと $\overrightarrow{P_0P_5}$，$\overrightarrow{P_0P_6}$，$\overrightarrow{P_0P_7}$ を計算しない方がよかろう．まずは，解答のための見通しをよくしておくことを勧める．そのための**軽い一手**は？

**【問題 2】**

平面上に三つの単位ベクトル $\vec{a}$, $\vec{b}$, $\vec{c}$ がある．ベクトルの内積に関して

$$(\vec{a}\cdot\vec{b})^2=\frac{1}{2}(\vec{a}\cdot\vec{c}+1)$$

が成り立つとき，次の各問に答えよ．

(1) $t=\vec{a}\cdot\vec{b}$ として，$\vec{b}\cdot\vec{c}$ を $t$ で表せ．

(2) (1)で得た結果により $|\vec{a}+\vec{b}+\vec{c}|$ の最大値と最小値を求めよ．

《持ち時間・30 分》　東京学芸大(改作)・平成 12

**解答過程（例）**

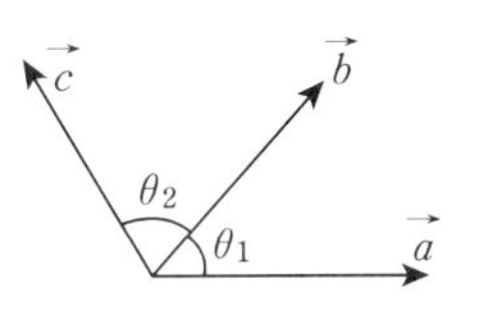


(1)　$\vec{a}\cdot\vec{b}=\cos\theta_1\ (0\leqq\theta_1\leqq\pi)$,

$\vec{b}\cdot\vec{c}=\cos\theta_2\ (0\leqq\theta_2\leqq\pi)$ として

$$\vec{a}\cdot\vec{c}=\cos(\theta_1+\theta_2)=2\cos^2\theta_1-1$$

（∵ 与式より）

$$=\cos 2\theta_1.$$

$0\leqq 2\theta\leqq 2\pi$ だから，$2\theta_1=\theta_1+\theta_2$ または

$2\theta_1=2\pi-(\theta_1+\theta_2)$，つまり，$\theta_1=\theta_2$ または

$3\theta_1=2\pi-\theta_2$．従って $\cos\theta_2=\cos\theta_1$ または $\cos 3\theta_1$．

$\therefore\ \vec{b}\cdot\vec{c}=t,\ 4t^3-3t\ (-1\leqq t\leqq 1)$　……答

(2) $|\vec{a}+\vec{b}+\vec{c}|^2=4t^2+2t+1+2\times(\,t$ または $4t^3-3t\,)$

$$=\begin{cases}(2t+1)^2\\ 8t^3+4t^2-4t+1\end{cases}\ (-1\leqq t\leqq 1).$$

■**局盤〈2〉**　ここまでは何とかできてくれないと，処置がない．ここからが大きな関門となるが，読者はどうする？ 3次関数のグラフを丁寧に描くかな？ それで時間内の解答はできるというならそれでもよいが．しかし，できればそうしないで，見事な技で決めることはできないか．では，その決め手のための**手始めの一手**は？

**局盤〈1〉での次の一手：**

$$v_{k+4}=-v_k\quad(k=0,1,2,3).$$

従って $\overrightarrow{P_4P_5}=a\vec{v_5}=-a\vec{v_1}=-\overrightarrow{P_0P_1}$，$\overrightarrow{P_5P_6}=-\overrightarrow{P_1P_2}$，

$\overrightarrow{\mathrm{P_6P_7}}=-\overrightarrow{\mathrm{P_2P_3}}$，$\overrightarrow{\mathrm{P_7P_8}}=-\overrightarrow{\mathrm{P_3P_4}}$ となるから，この八角形の面積は五角形 $\mathrm{P_0P_1P_2P_3P_4}$ の面積を 2 倍したものになる．よって

$$\frac{S}{2}=\text{台形 }\mathrm{P_0P_1P_2P_3}+\text{三角形 }\mathrm{P_0P_3P_4}$$

$$=\frac{1}{2}(\sqrt{2}\,a+2b)\cdot\frac{a}{\sqrt{2}}+\frac{1}{2}(\sqrt{2}\,a+b)\cdot b\,.$$

$$\therefore\ S=a^2+2\sqrt{2}\,ab+b^2\quad\cdots\cdots\text{答}$$

(3) $S=a^2+2\sqrt{2}\,ab+b^2=7$，$|\overrightarrow{\mathrm{P_0P_4}}|^2=2(a^2+\sqrt{2}\,ab+b^2)=10$，そして $a>0,\ b>0$ より

$$a+b=1+\sqrt{2},\quad ab=\sqrt{2}\,.$$

$$\therefore\ (a,\ b)=(1,\ \sqrt{2}),\ (\sqrt{2},\ 1)\quad\cdots\cdots\text{答}$$

**解説または意見**　東大にはベクトルの問題は多くはない．この点は，京大と大きく異なる．全体的には，東大の問題と京大のそれではタイプが異なるので，東大に対しては巧い解答をしようとするよりも，**丁寧に**調べてみる，という方が得策であろう．

さて，本問(2)についての「**次の一手**」だが，これは単位円上の $\overrightarrow{v_k}$ **の終点を捉えればすぐ判ること**だが，以外と盲点になったのではないか？ だから，急いで猪のように突っ走ろうとした人は，大体，完答できなかったであろう．この場合，大体の感じで，“ $S$ は五角形 $P_0P_1P_2P_3P_4$ の面積の 2 倍”としてもごまかしになるので注意されたい．

**局盤〈2〉での次の一手：**

$f(t)=(2t+1)^2$，$g(t)=8t^3+4t^2-4t+1\ (-1\leqq t\leqq 1)$ として，$f(t)\geqq g(t)$ または $f(t)\leqq g(t)$ となる $t$ の範囲を調べる．

$f(t) \geqq g(t)$ は，$t(t-1)(t+1) \leqq 0$ ということで，$0 \leqq t \leqq 1$ の範囲．従って，$f(t) \leqq g(t)$ は，$-1 \leqq t \leqq 0$ の範囲．

そこで，$g(t)$ の値域について評価しておく：

① $0 \leqq t \leqq 1$ では $g(t) \geqq 4t^2-4t+1=(2t-1)^2 \geqq 0.$

② $-1 \leqq t \leqq 0$ では $g(t) \leqq 4t^2-4t+1=(2t-1)^2 \leqq 9.$

それ故，$|\vec{a}+\vec{b}+\vec{c}|^2$ の最大値，最小値については以下のようになる：

$0 \leqq t \leqq 1$ では $f(t)$ が単調増加だから，最大値は $f(1)=9.$

このことと②より

$-1 \leqq t \leqq 1$ においての $|\vec{a}+\vec{b}+\vec{c}|^2$ の**最大値**は $f(1)$．

$-1 \leqq t \leqq 0$ では $f(t)$ の最小値は $f\left(-\frac{1}{2}\right)=0$．このことと

①より

$-1 \leqq t \leqq 1$ において $|\vec{a}+\vec{b}+\vec{c}|^2$ の**最小値**は $f\left(-\frac{1}{2}\right)$．

$\therefore$ $|\vec{a}+\vec{b}+\vec{c}|$ の最大値 3（$t=1$ のとき），

最小値 0（$t=-\frac{1}{2}$ のとき）……**答**

**解説または意見** **問題**の(2)は，**原出題**の(2)とは全然違う．「どこを改作したのか」，原出題の紹介の必要があるだろう．

**原出題**：(2) $\vec{b}$ と $\vec{c}$ が垂直であるとき，$\vec{a}\cdot\vec{c}$ を求めよ．

（**答** $-1,\ \frac{1}{2}$）

ただ，これだと，(1) に比して (2) がまるで気抜けした設問になってしまうので，改作したのである．

さて，**問題**の (2) についてであるが，$y=g(t)$ の**増減表**を作成し，それからその**グラフ**を描いて解こうとすると，次のように大分の手間

がかかる（略述してみよう）： $g'(t)=0$ より $t=\dfrac{-1\pm\sqrt{7}}{6}$ となるから，極大値と極小値を求めるために

$$g\left(\frac{-1\pm\sqrt{7}}{6}\right)$$
$$=8\left(\frac{-1\pm\sqrt{7}}{6}\right)^3+4\left(\frac{-1\pm\sqrt{7}}{6}\right)^2-4\left(\frac{-1\pm\sqrt{7}}{6}\right)+1\ (=?)$$

というかなり時間のかかる 2 通りの算数計算をして，それから増減表，そしてグラフという段取りになるからである．

**解答**中の「**次の一手**」は，まだ，軽い手始めの一手だが，披露に値する「**妙手**」というべき一手は，むしろ，その後の①と②にあるので，読者は，この辺りの捌（さば）きをよくよく吟味しておかれたい．

「**本題**（2）の**解答**が何をやっているのかわからない」，と言う人は，最大値，最小値は $-1\leqq t\leqq 1$ の範囲で調べなくてはならない，ということを銘記せよ．

*　　　　　　　　　*

現代のように，あまりにも**視覚映像**に頼った学習に甘んじていては，わかりやすい分，直観力などが磨かれるものではない．実際，それでは，「**解法・解答既成の問題**」をしかできまい．

旧来，数学者達の間で，「数学の力の差」は，「**直観力の差**」と強調されてきているが，それは今の時代にこそ強調されるべきことである．

# 第十七・第十八番 勝負　フィボナッチの数列

**フィボナッチの数列**は，古来から実にさまざまな所に現れるものとして有名である．自然界のみならず人工界でも，これ程多く現れる数列は他に類を見ないであろう．この不思議な数列は，しかしながら，その漸化式が非常に単純である．その一般項を $a_n$ $(n \geqq 0)$ とすれば，

$$a_0 = 1,\ a_1 = 1,\ a_{n+2} = a_n + a_{n+1}$$

という形のものである．（$a_0, a_1$ の値の取り方はいろいろあり得る．）形が単純だからこそ，利用度も大きいのであろう．この一般項を求めること自体は，少しの技巧的計算――といっても軽く routime work に乗っていること――で済むが，当読者にとっては，それはおもしろくないであろうから，省略する．

ともあれ，この漸化式がどのような所に現れるのか．此の度は，その例を兼ねた入試問題への挑戦である．

**【問題 1】**

$p_1 = 1,\ p_2 = 1,\ p_{n+2} = p_n + p_{n+1}$ $(n \geqq 1)$ によって定義される数列 $\{p_n\}$ を**フィボナッチ数列**といい，その一般項は

$$p_n = \frac{1}{\sqrt{5}}\left\{\left(\frac{1+\sqrt{5}}{2}\right)^n - \left(\frac{1-\sqrt{5}}{2}\right)^n\right\}$$

で与えられる．必要ならばこの事実を用いて，次の問いに答えよ．

各桁の数字が 0 か 1 であるような自然数の列 $X_n (n = 1, 2, \cdots)$ を次の規則により定める．

(i) $X_1 = 1$．

(ii) $X_n$ のある桁の数字 $\alpha$ が 0 ならば $\alpha$ を 1 で置き換え，$\alpha$ が 1

ならば $\alpha$ を'10'で置き換える．$X_n$ の各桁ごとにこのような置き換えを行って得られる自然数を $X_{n+1}$ とする．

たとえば，$X_1=1, X_2=10, X_3=101, X_4=10110,$ $X_5=10110101, \cdots$ となる．

(1) $X_n$ の桁数 $a_n$ を求めよ．

(2) $X_n$ の中に'01'という数字の配列が現れる回数 $b_n$ を求めよ（たとえば，$b_1=0, b_2=0, b_3=1, b_4=1, b_5=3, \cdots$）．

**《持ち時間・25 分》　　東京大（文系）・平成 4（前）**

**解答過程**

(1) $X_n$ の中に 1 が $k$ 個 $(k \geqq 1)$ 含まれているとすれば，0 は $a_n-k$ 個含まれていることになる．そうすると，規則(ii)より $X_{n+1}$ の中には，1 が $a_n-k$ 個，さらに加えて 1 と 0 が各々 $k$ 個ずつ含まれていることになるから，

$$a_{n+1}=a_n-k+2k=a_n+k. \quad \cdots\cdots①$$

（結局，1 が $a_n$ 個，0 が $k$ 個含まれていることになる．）よって $X_{n+2}$ の桁数は

$$a_{n+2}=2a_n+k. \quad \cdots\cdots②$$

①，②と $X_1=1, X_2=10$ より

$$a_1=1, a_2=2, a_{n+2}=a_n+a_{n+1}.$$

この $a_n$ は $p_n$ の $n$ を $n+1$ にずらしたものになる．

$$\therefore \ a_n=p_{n+1} \ （p_n \text{ は問題で与えられたもの}） \quad \cdots\cdots \text{答}$$

■**局盤〈1〉**　規則のとらえ方に対する着眼力を試す問題で，文系には，（多分，理系でも）やや難の部類であろう．(1)はともかく，(2)は，しっかりとした問題把握をしないと明快には崩せまい．では，その明快で力強い**次の一手**は？

**【問題 2】**

$xy$ 平面に 2 つの円

$$C_0: x^2+\left(y-\frac{1}{2}\right)^2=\frac{1}{4},\ C_1:(x-1)^2+\left(y-\frac{1}{2}\right)^2=\frac{1}{4}$$

をとり，$C_2$ を $x$ 軸と $C_0, C_1$ に接する円とする．さらに，$n=2, 3, \cdots$ に対して $C_{n+1}$ を $x$ 軸と $C_{n-1}, C_n$ に接する円で $C_{n-2}$ とは異なるものとする．$C_n$ の半径を $r_n$，$C_n$ と $x$ 軸との接点を $(x_n, 0)$ として，

$$q_n=\frac{1}{\sqrt{2r_n}},\ p_n=q_nx_n \quad \text{とおく．}$$

(1) $q_n$ は整数であることを示せ．

(2) $p_n$ も整数で，$p_n$ と $q_n$ は互いに素であることを示せ．

**《持ち時間・20 分》** **東京大(理系)・平成 10(前)**

**解答過程**

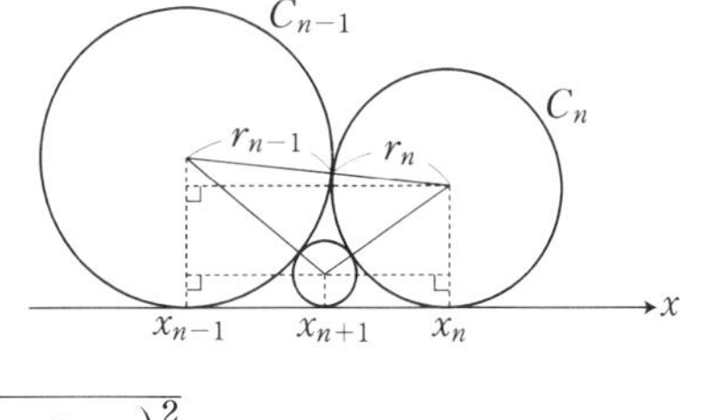


**右図**において

$$\begin{aligned}
&x_n-x_{n-1}\\
&=\sqrt{(r_{n-1}+r_n)^2-(r_{n-1}-r_n)^2}\\
&=\sqrt{(r_n+r_{n+1})^2-(r_n-r_{n+1})^2}\\
&\qquad+\sqrt{(r_{n-1}+r_{n+1})^2+(r_{n-1}-r_{n+1})^2}.
\end{aligned}$$

それ故

$$\begin{aligned}
&\sqrt{r_{n-1}r_n}=\sqrt{r_nr_{n+1}}+\sqrt{r_{n-1}r_{n+1}}\\
&\qquad\longleftrightarrow\frac{1}{\sqrt{r_{n+1}}}=\frac{1}{\sqrt{r_{n-1}}}+\frac{1}{\sqrt{r_n}}.
\end{aligned}$$

(1) そこで $\dfrac{1}{\sqrt{r_n}}=a_n$ として

$$a_0=\sqrt{2},\ a_1=\sqrt{2},\ a_{n+1}=a_{n-1}+a_n\ (n\geqq 1). \qquad \cdots\cdots①$$

$q_n=\dfrac{a_n}{\sqrt{2}}$ において，$a_n=\sqrt{2}\,i_n$（$i_n$ は整数)であることを数学的帰納法で示す．$a_0, a_1$ においては $i_0=1, i_1=1$ で成り立っている．

$k \geqq 1$ として $a_{k-1}, a_k$ において $i_{k-1}, i_k$ は整数であるとすれば，①より $a_{k+1} = \sqrt{2}\, i_{k+1}$（$i_{k+1}$ は整数）となるから，任意の $n$ $(=0, 1, 2, \cdots)$ に対して $q_n$ は整数となる．◀

(2) 上述の経過より

$$x_n - x_{n-1} = 2\sqrt{r_{n-1} r_n} = \frac{1}{q_{n-1} q_n}.$$

同様にして $x_n - x_{n+1} = \dfrac{1}{q_n q_{n+1}}$, $x_{n+1} - x_{n-1} = \dfrac{1}{q_{n-1} q_{n+1}}$ となるから，$p_n = q_n x_n$ より

$$p_n q_{n-1} - p_{n-1} q_n = 1, \cdots\cdots ② \quad p_n q_{n+1} - p_{n+1} q_n = 1, \cdots\cdots ③$$

$$p_{n+1} q_{n-1} - p_{n-1} q_{n+1} = 1. \cdots\cdots ④$$

■**局盤〈2〉**　せめてこの辺りまでは来てくれないと，高得点にはつながらない．ここから**中盤の寄せ**に入るのであるが，どう捌（さば）くか．**その崩しの一手**を決めてみよ．

**局盤〈1〉での次の一手：**

> **$n$ が奇数のとき**
>
> $X_n = 1\cdots\cdots1$（$\cdots\cdots$ の中には，(1) の**解答過程**に従って，0 は $a_n - k$ 個あるとする――）となり，'00' となることはないから，0 の右隣りには必ず 1 がきて '01' の個数は $a_n - k = b_n$ 個．

そして，$X_{n+1} = 10\cdots\cdots10$（0 は全部で $k$ 個ある）となり，'01' は $k - 1 = b_{n+1}$ 個．

さらに，$X_{n+2} = 101\cdots\cdots101$（0 は全部で $a_n$ 個ある）となり，'01' は $a_n = b_{n+2}$ 個．

以上から $b_1 = 0$, $b_2 = 0$, $b_{n+2} = b_n + b_{n+1} + 1$（$n$ は奇数）．これは，$b_n + 1 = c_n$ とおけば，

$$c_1 = 1,\ c_2 = 1,\ c_{n+2} = c_n + c_{n+1}\ (\ n \text{ は奇数}).$$

**$n$ が偶数のとき**

前と同様のやり方で，

$$b_2 = 0,\ b_3 = 1,\ b_{n+2} = b_n + b_{n+1}\ (\ n \text{ は偶数}).$$

以上から，$\{c_n\}(n=1,3,\cdots)$ と $\{b_n\}(n=2,4,\cdots)$ は $\{p_n\}(n=1,2,3,\cdots)$ の偶奇項を適当に調整した**その数列の“軌道”上に乗っている**ことが判る．従って，$\{b_n\}(n=1,2,3,\cdots)$ の最初の数項を，$\{p_n\}(n=1,2,3,\cdots)$ のそれらと比較して $\{b_n\}$ の一般項は決められる：

$$b_1 = 0,\ b_2 = 0 = p_1 - 1,\ b_3 = 1 = p_2,\ b_4 = 1 = p_3 - 1,\ \cdots.$$

$$\therefore\ b_n = \begin{cases} p_{n-1} & (n \text{ は奇数}) \\ p_{n-1} - 1 & (n \text{ は偶数}) \end{cases} \quad (\text{ただし，}\ p_0 = 0 \text{ とする})$$

……**答**

**解説または意見**　**2 進数**を作ってゆく一方法を題材としたもので，コンピューター時代に向かう加速的風潮を顕示した典型例といえよう．

**解答**において，(1)での $n$ のずらし方が分からない，という人は，$a_1 = 1 = p_2,\ a_2 = 2 = p_3$ を参考にすること．また，「**次の一手**」の所は，$n$ が奇数のときで決めているが，もちろん，$n$ が偶数のときで前(さき)に決めてもよい．尚，(2)においては $\{b_n\}$ の**漸化式をわざわざ解く必要はない**こと，また，例えば，$n$ が奇数のとき，$b_n = p_{n-1} = \dfrac{1}{\sqrt{5}}\{\cdots\}$ **のように表す必要もない**ことを注記しておく．

### 飛車 局盤〈2〉での次の一手：

$q_{n+1} = q_{n-1} + q_n\ (n \geqq 1)$，そして③，④より 1 を消去して

$(p_n + p_{n-1})q_{n+1} = p_{n+1}(q_n + q_{n-1}) = p_{n+1}q_{n+1}$，従って

$$p_{n+1} = p_n + p_{n-1}.$$

そして，$p_0=0, p_1=1$ であるから，$p_n$ $(n \geqq 0)$ は整数．◀

$p_n$ と $q_n$ に公約数 $d_n$ $(\geqq 2)$ があるとすれば，②は $d_n(q_{n-1}-q_n)=1$ となって矛盾．よって $p_n$ と $q_n$ は互いに素．◀

**解説または意見** 本問は設問が(3)まであって，(3)は，「$\lim_{n\to\infty} x_n$」を求めさせている．実際，それがないと本問は問題としても締まらないのだが，しかし，ただの計算なので，省略させていただくことにした．$\lim_{n\to\infty} x_n=\dfrac{\sqrt{5}-1}{2}$ である．(3) を省略して 20 分の持ち時間にしたが，それでも，設問の斬新さと分量からすれば，時間不足になりがちかもしれない．

幾何の問題としては，遙(はる)かな過去に東大で出題されたもの(――それより遥か以前に，江戸時代の**和算**における問題が original) である．但し，本問の場合，「その幾何の問題の中に**フィボナッチの数列**の特性がある」，ということを(初めて？)看破した点で，従来のものからの発展性は見られる，と強調しておこう．

*　　　　　　*

**フィボナッチの数列**は，初等数学として取り挙げてもおもしろさは広範にある．これだけでも一冊の本が出来上がるのであるから，たいした数列であろう．

## 第十九・第二十番勝負　数列の和と不等式

**数列の和と不等式**の関連した問題は当然ながら複合度の強い問題になる．この際，**数列の和がはっきりとした形で求まる場合**と**そうでない場合**とに分けられる．難度については，前者の方が易し目の傾向があるが，必ずしもそうとは断定できるものではない．

いずれにせよ，**どのようなときにどのような手を打つか**は，問題によってかなりの相違が生じてくるので，日頃から，各人の直観力を磨くような学習をしておかないと，「前以て解法暗記したようなものしか解けない」，ということになる．

では，読者がどれだけの**直観力**を有しているか，今回の問題に挑戦して確かめられたい．

**【問題 1】**

$n$ を自然数とする．$(x_1, x_2, \cdots, x_n)$ が $(1, 2, \cdots, n)$ の順列全体を動くとき，$\displaystyle\sum_{k=1}^{n} kx_k$ の最小値，$\displaystyle\sum_{k=1}^{n} kx_k$ の最大値を求めよ．

また，$\displaystyle\sum_{k=1}^{n} (x_k-k)^2$ の最大値を求めよ．

《持ち時間・24 分》　　慶應大（総合政策）・平成 16

**解答過程**　なし

**■局盤〈1〉**　初めから，直観的に予測をつけれないと，どうにもこうにも動きがとれまい．この際，「$\displaystyle\sum_{k=1}^{n} kx_k$ の最小値と最大値が**具体的に求まる**」，ということからも，「**手始めの予測**」となる一手を判断できなくてはならない．では，その予測をつけた**手始めの一手**は？

**【問題 2】**

（1）$a_0 < b_0, a_1 < b_1$ を満たす正の実数 $a_0, b_0, a_1, b_1$ について，次の不等式が成り立つことを示せ．

$$\frac{b_1^2}{a_0^2+1}+\frac{a_1^2}{b_0^2+1}>\frac{a_1^2}{a_0^2+1}+\frac{b_1^2}{b_0^2+1}$$

（2）$n$ 個の自然数 $x_1, x_2, \cdots, x_n$ は互いに相異なり，$1 \leqq x_k \leqq n$ $(1 \leqq k \leqq n)$ を満たしているとする．このとき，次の不等式が成り立つことを示せ．

$$\sum_{k=1}^{n} \frac{x_k^2}{k^2+1} > n-\frac{8}{5}$$

**《持ち時間・25 分》**　**京都大（理系）・平成 11（前）**

**解答過程**

（1）問題の式は $\dfrac{1}{a_0^2+1}(b_1^2-a_1^2)>\dfrac{1}{b_0^2+1}(b_1^2-a_1^2)$ となるが，これは $0<a_0<b_0, 0<a_1<b_1$ より成り立つ．◀

■**局盤〈2〉**（1）の不等式からせいぜい 10 分以内で（2）の解答への決め手を打たれたい．では，**その決め手となる一手**は？

**局盤〈1〉での次の一手：**

（＊）$\displaystyle\sum_{k=1}^{n} k(n-k+1) \leqq \sum_{k=1}^{n} kx_k \leqq \sum_{k=1}^{n} k^2$，と予想される．

この不等式の右側の方は, $\sum_{k=1}^{n} x_k^2=\sum_{k=1}^{n} k^2$ に留意して

$$\sum_{k=1}^{n}(x_k-k)^2=2\sum_{k=1}^{n}k^2-2\sum_{k=1}^{n}kx_k \geqq 0$$

から示される. 左側の方は, $\sum_{k=1}^{n} x_k=\sum_{k=1}^{n} k$ に留意して

$$\sum_{k=1}^{n}\{x_k-(n-k+1)\}^2=2\sum_{k=1}^{n}k^2+n(n+1)^2$$
$$+2\sum_{k=1}^{n}kx_k-2(n+1)\sum_{k=1}^{n}k-n(n+1)^2$$
$$=2\sum_{k=1}^{n}k\{x_k-(n+1-k)\}\geqq 0$$

から示される. 故に(＊)の不等式は成り立つ. そこで(＊)の左辺において

$$\sum_{k=1}^{n}k(n-k+1)=\frac{1}{2}n(n+1)^2-\frac{1}{6}n(n+1)(2n+1)$$
$$=\frac{1}{6}n(n+1)(n+2).$$

$\therefore\ \sum_{k=1}^{n}kx_k$ の

$$\begin{cases}\text{最小値は}\ \frac{1}{6}n(n+1)(n+2) & (x_k=n-k+1\text{のとき})\\ \text{最大値は}\ \frac{1}{6}n(n+1)(2n+1) & (x_k=k\text{のとき})\end{cases}$$ ……答

また,

$$\sum_{k=1}^{n}(x_k-k)^2\leqq 2\cdot\frac{1}{6}n(n+1)(2n+1)-2\cdot\frac{1}{6}n(n+1)(n+2)$$
$$=\frac{1}{3}(n-1)n(n+1).$$

$\therefore\ \sum_{k=1}^{n}(x_k-k)^2$ の最大値は

$$\frac{1}{3}(n-1)n(n+1) \quad (\ x_k = n-k+1 \text{ のとき})$$ ……答

**解説または意見** 既に述べたように，直観的にすぐ（＊）の不等式を立てれる人は別として，そうでない人にとっては，本問を解くことにおいて**出題意図を見抜くこと**がまずは大切である．「どうせ，最大値と最小値が求まる，というのだから，$(x_1, x_2, \cdots, x_n)=(1, 2, \cdots, n)$ または $(n, n-1, \cdots, 1)$ のようなもの**であろう**」，と**予測**できるのが望ましい．次に，それが，「**妥当らしい**」，と**推測**できるようでなくてはならない．そして，ここまでこれた人にとっては，（＊）の不等式の成立を示すことは容易であったろう．

しかし，本番入試では，本問の出来具合は壊滅に近かったのではなかろうか．（これでは，社会を選択した人に，得点で追いつかなかった人が多かったかもしれない．）

### 局盤〈2〉での次の一手：

(2) (1)の不等式によって，$\displaystyle\sum_{k=1}^{n}\frac{k^2}{k^2+1}>n-\frac{8}{5}$ が成り立つ事を示せばよいことになる．

この不等式は，$\displaystyle\sum_{k=1}^{n}\frac{1}{k^2+1}<\frac{8}{5}$ ，というものゆえ，これを示す：

$$\sum_{k=1}^{n}\frac{1}{k^2+1}<\frac{1}{2}+\sum_{k=2}^{n}\frac{1}{k^2-k}=\frac{1}{2}+\sum_{k=2}^{n}\left(\frac{1}{k-1}-\frac{1}{k}\right)$$

$$=\frac{3}{2}-\frac{1}{n}<1.5<1.6=\frac{8}{5}.$$ ◀

**解説または意見** 「**次の一手**」の所がピンとこない，という人が多いかもしれない．そういう人は，$n=2$ のとき，$(x_1, x_2)=(1, 2), (2, 1)$ と 2 組になるから，まずは，これで納得してみよ．(1)の不等式から

$$\frac{2^2}{1^2+1}+\frac{1^2}{2^2+1}>\frac{1^2}{1^2+1}+\frac{2^2}{2^2+1}$$，となるであろう．

$(x_1, x_2, \cdots, x_n)$ は $(1, 2, \cdots, n)$ の順列全てを取り得るものであり，この意味において，**問題 1** は**問題 2** の類似系統になっているのである．**問題 2** の方が**はるかに難問**になるだろう．（解答の長さと問題の難易度は別．）

事はついでながら，最早，容易に

$$\sum_{k=1}^{n}\frac{1}{k^2+1}<\frac{1}{2}+\frac{1}{5}+\sum_{k=3}^{n}\frac{1}{(k-2)(k+1)}<1.25$$

も示せる訳である．だから，(2)は，より strict に

$$\sum_{k=1}^{n}\frac{x_k^2}{k^2+1}>n-\frac{6}{5}$$

となる訳．（もちろん更に strict にもできる．）

*　　　　　　*

数学の問題を解く際は，ただ問題とにらめっこしたり，ガチャガチャと計算するのではなく，**出題者の意図（＝問題の核心）を見抜く**，という事が大切なことである．**各設問間の関連の有無，どういう思惑で作られた問題か，**……．このように問題を見れるようになれば，それは，力に余裕が出てきたことを意味する．さもないうちは，がむしゃらな“**子供の力相撲**”でしかなく，それでは出題者に軽く手首を捩（ねじ）られたり，振り回されたりする．それでも合格すればよいか．

## 第二十一・第二十二番　場合の数と確率

*勝負*

**場合の数**が苦手という人はかなり多いようなので，今回の勝負では，その多くの人が，弱点を突かれやすいような問題を扱うことにする．確かに，**入試では**，平均的に見て，この分野は頭を最もよく使わせる分野のようである．表現を変えるなら，puzzle になりやすいというべきか．（嵌(は)め手にひっかかる人は，大抵，**重複勘定をしている**．これは，要するに，**基本をよく分かっていない**，ということに尽きる．）

それだけに，多く覚えてきた解法道具を使って，**その分，頭を使わないで解く癖**がついた人には，つらい分野であろう．

当読者は，「場合の数と確率」に限らず，広く数学では

**「使うのは解法道具の方より，はるかに頭の方である」**

ということを忘れないようにされたい．（尤も，頭の使い方にも「よしあし」があるが．）

**【問題 1】**

立方体が袋に入っている．それぞれの立方体はすべて同じ大きさで，6 色の異なる色のペンキをすべて使って，6 面が異なる色に塗られている．この袋の中のものと同じ立方体を用意し，同じ 6 色のペンキをすべて使って 6 面を異なる色に塗り分けたとき，どのように塗ってもこれを適当に回転させれば，この袋の中に色の塗り方が 6 面とも全く同じになる立方体が必ず 2 個あり，2 個未満のことも 3 個以上あることもないものとする．ただし，1 つの立方体の 1 面は，1 色で塗りつぶされているものとする．

(1) 袋の中には何個の立方体が入っているか．

この立方体がちょうど2個縦に重なって入る，透明な直方体の箱がある．袋の中でこの箱に2個の立方体を入れて袋の外に取り出すと，2個の立方体が接する2面だけが外から見えないものとする．

(2) 箱の外から見える面に6色すべての色が揃う確率を求めよ．

(3) 箱の4つの側面（長方形の面）のいずれにおいても，2個の立方体のその向きの面の色が一致する確率を求めよ．

《持ち時間・30分》　島根医大・平成15

**解答過程**

(1) 一つの立方体を6色で塗り分ける方法の数 $n$ について．

一つの面（上面とする）を1色で塗っておく．下面には，5色のうちから1色をとって塗る．側面には，残り4色の円順列の要領で塗り分ける．よって，$n = 5 \times 3! = 30$ 通り．

袋の中の立方体の個数は　$2 \times 30 = 60$ 個　……答

(2) まず，二つの立方体の同一の色の面が接する確率を求める．これは，$\dfrac{6}{6^2} = \dfrac{1}{6}$．これは，問題の余事象の確率になっている．

求める確率は　$1 - \dfrac{1}{6} = \dfrac{5}{6}$　……答

(3)60個の立方体の内訳は，(2個＋2個)× 15で，前者の2個は同一のもの；後者の2個は，前者の立方体の一対面だけの色を入れ替えたものとする．そこで，まず，問題に沿うように，2つの立方体が取り出される確率は

$$\frac{{}_4C_2 \times 15}{{}_{60}C_2} = \frac{3}{59}.$$

**■局盤〈1〉**　ここまでは正しい．此の後が山場であって，過不足なく場合の数を捉えればよし，さもなくば盲点を突かれたことになる．では，その山場を一蹴にして越えるべき**次の一手**は？

## 【問題 2】

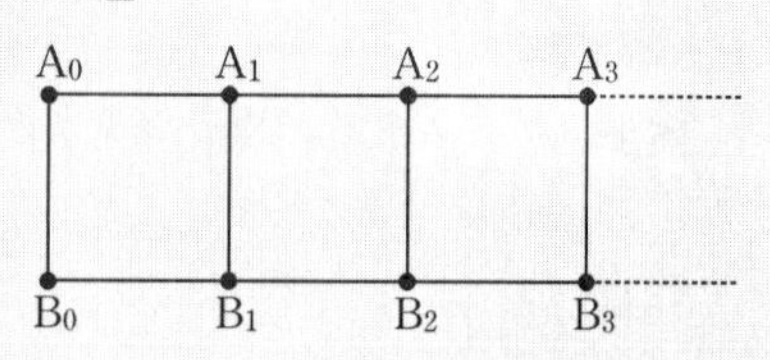


図のように，平面上に点 $A_0, A_1, A_2, \cdots$ および $B_0, B_1, B_2, \cdots$ が並んでいる．点 P は $A_0$ から出発し，次の規則に従いこれらの点の上を移動する．

P が $A_n$ にいるときには 1 秒後に $A_{n+1}$ または $B_n$ に，一方 $B_n$ にいるときには $B_{n+1}$ または $A_n$ に移動する．ただし，前にいた点には戻らない．また，P が移動しうる点が複数あるときには，それぞれの点へ等確率で移動する．P が $A_n$ へ到る行き方が $a_n$ 通り，$B_n$ へ到る行き方が $b_n$ 通りあるとする．

(1) $a_3, b_3$ を求めよ．　　(2) $a_n, b_n$ を求めよ

(3) 一方，点 Q は $A_8$ から P と同時に出発し，1 秒ごとに順次 $A_8 \to A_7 \to A_6 \to \cdots \to A_0$ と移動し，その後は $A_0$ にとどまる．P と Q が出会う確率を求めよ．

**《持ち時間・30 分》**　　**名古屋大（理系）・平成 12（前）**

**解答過程**　なし

**■局盤〈2〉**　(1) から解くのが順当に見えるであろうが，$a_2, b_2$ ぐらいならまだしも，$a_3, b_3$ では，少々，場合の数が多い．（出題側の思惑は，(1) で部分点を取ってもらおうというのであろう．）このような時は，(2) の $a_n, b_n$ の方から前（さき）に求めてよいし，その方が時間の loss も少ない．では，その $a_n, b_n$ について漸化式を構成するべき**次の一手**は？

## 局盤〈1〉での次の一手：

前記の 2 つの立方体を箱に縦詰めにするとき，両立方体の接触面についての全事象の起こり方は $6^2$ 通り．そのうち，上の立方体の下面と下の立方体の上面の対象となるべき事象の組合せは 6 通り．

そして，箱の中心軸の回りに，(下の立方体を固定しておいて) 上の立方体の 4 つの側面を回転して，上下の立方体のどの側面の色も一致し得る確率が $\frac{1}{4}$．

以上から，求める確率は

$$\frac{3}{59}\times\frac{6}{6^2}\times\frac{1}{4}=\frac{1}{472}$$ ……

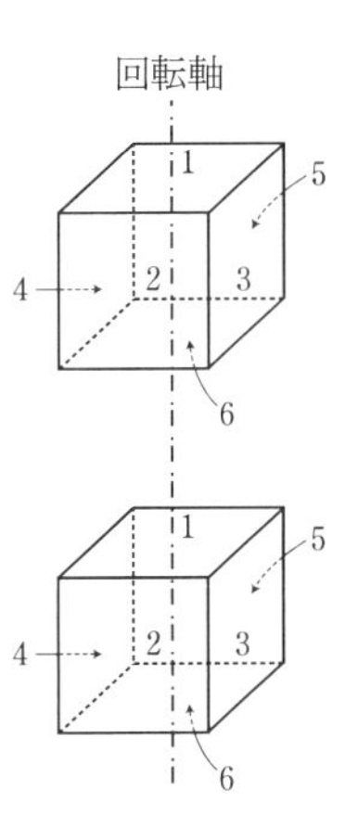


**解説または意見** 「6 色で塗り分けたサイコロを二つ直方体状に組み合わせて，望む事象の確率を問う」という形式で，目新しい問題であろう．

「**次の一手**」の内訳が分からないという人は，**右図**(色の代わりに番号を付してある) を見て考えるように．

## 局盤〈2〉での次の一手：

(1), (2) **右図**により

$a_{n+1}=a_n+b_n=b_{n+1}\ (n\geqq 1).$

$A_n \longrightarrow A_{n+1}$, $A_n \downarrow B_n$, $B_n \xrightarrow{\text{唯一}} B_{n+1}$, $B_{n+1} \uparrow A_{n+1}$

$A_n \xrightarrow{\text{唯一}} A_{n+1}$, $A_n \downarrow B_n$, $B_n \longrightarrow B_{n+1}$, $B_{n+1} \uparrow A_{n+1}$

これを $a_1=b_1=2$ の下で解いて $a_n=b_n=2^n$.

$\therefore\ a_3=b_3=8$ ……(1)の 答

$a_n=b_n=2^n\ (n\geqq 1)$ ……(2)の 答

(3) P と Q が出会うのは 4 秒後か 5 秒後である．

4 秒後に $A_4$ で出会う確率は，P が 4 秒後に $A_4$ にくる確率で，$\left(\frac{1}{2}\right)^4$．

5 秒後に $A_3$ で出会う確率は，以下の**樹形図**による（点線矢印は確率 1，他は $\frac{1}{2}$）：

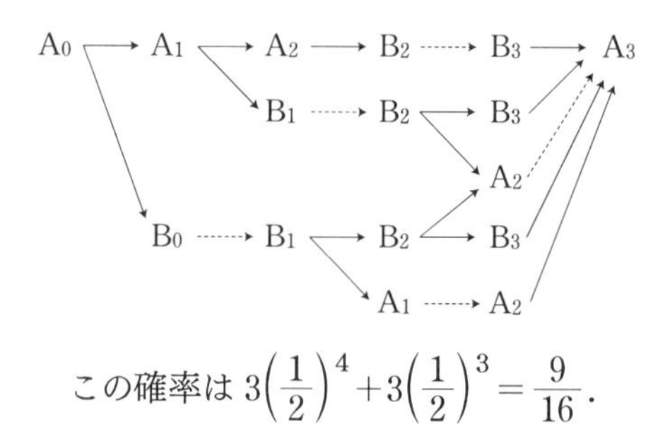


この確率は $3\left(\frac{1}{2}\right)^4+3\left(\frac{1}{2}\right)^3=\frac{9}{16}$．

以上より求める確率は

$$\frac{1}{16}+\frac{9}{16}=\frac{5}{8}$$ ……**答**

**解説または意見** (2)の設問に対するちょっとした注意になるが，$a_{n+1}=a_n+b_{n+1}$，$b_{n+1}=a_{n+1}+b_n$ としては**ならない**．そもそも，第 1 の等式において，$b_{n+1}$ には $A_{n+1} \to B_{n+1}$ という場合も含まれている．（そうではないかね？）(3)においては，「単なる“場合の数の比”では確率は求まらない」，という点を踏まえておかなくてはならない．その意味では，設問(3)はやや独立している，といえるかもしれない．

## 第二十三・第二十四番　確率

*勝負*

此の度は，再度，多くの人が不得意とする**確率**の問題を扱ってみる．この分野を苦手とする人が多いのは，元々，**順列**や**組合せ**の基本的理解がよくなされていない，ということに起因している．しかも，他の分野に比べて，求めた答えのチェックの仕様のないことが多いだけに，単独で解くことには怯(おび)える人が多いのは，受験生に限ったことではない．(尤も，「解答付きの既成品」ばかりをやるならば，それは全然別だが．) この際，計算そのものは分数計算なので，答えのくい違いは，計算ミスや思い違いよりも**考え方そのものの誤り**，ということの方が圧倒的に多い．

「**確率**」ではごまかしの力は通用しにくい．解答結果に自信をもてるようになるには，日頃から，基本を大切に，かつ充実させてゆくしかない．そして，それが，延(ひ)いては最も正しい数学の学習なのであり，そうである**ほど**，やがて自力で高層構築できる人となろう．確率分野の問題は，そのような土台有無の一試金石になる，といえるかもしれない．

**【問題 1】**

さいころを $n$ 回振って，出た目が $i_2, i_2, \cdots, i_n$ であったとき，

$$f(x)=|x-i_1|+|x-i_2|+\cdots+|x-i_n|$$

とします．また，さいころを $n$ 回振ったときの関数 $y=f(x)$ のグラフの屈折点(折れ線の頂点)の個数が $k$ になる確率を $P_n(k)$ $(k=1, 2, \cdots, n)$ で表します．

(1) さいころを 3 回振ったとき，出た目が 5,2,3 でした．関数 $y=f(x)$ のグラフをかきなさい．

(2) $P_3(1), P_3(2), P_3(3)$ を求めなさい．

(3) さいころを4回振ったとき，関数 $y=f(x)$ のグラフが直線 $x=3.5$ について対称である確率を求めなさい．

《持ち時間・40分》　　山口大(理)・平成13

**解答過程**

(1) $y=|x-5|+|x-2|+|x-3|$

$$=\begin{cases}-3x+10 & (x\leqq 2\text{のとき})\\ -x+6 & (2<x\leqq 3\text{のとき})\\ x & (3<x\leqq 5\text{のとき})\\ 3x-10 & (x>5\text{のとき}).\end{cases}$$

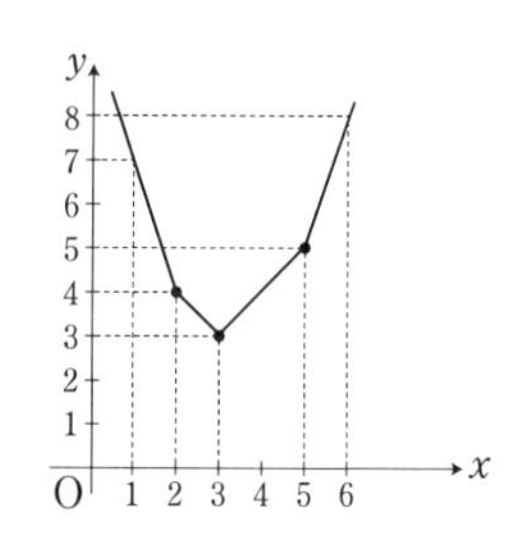


**グラフ**は右の通り．

(2) $f(x)=|x-i_1|+|x-i_2|+|x-i_3|$.

$P_3(1)$ は，屈折点が1個の確率なので，$i_1=i_2=i_3$ となる確率．

$$\therefore\ P_3(1)=6\times\left(\frac{1}{6}\right)^3=\frac{1}{36}$$ ……**答**

$P_3(2)$ は，屈折点が2個の確率なので，$i_1, i_2, i_3$ のうち二つが等しい目となる確率．

**■局盤〈1〉**　$P_3(1)$ までは易しいが，$P_3(2)$ からは，${}_n\mathrm{C}_k$ や ${}_n\mathrm{P}_k$ 等の誤用をしやすく，はっきりと差がつく．ここの一手を決めてゆけないと，実力的に，(3)の正解までは苦しいだろう．では，**その一手**たる解答は？

**【問題 2】**

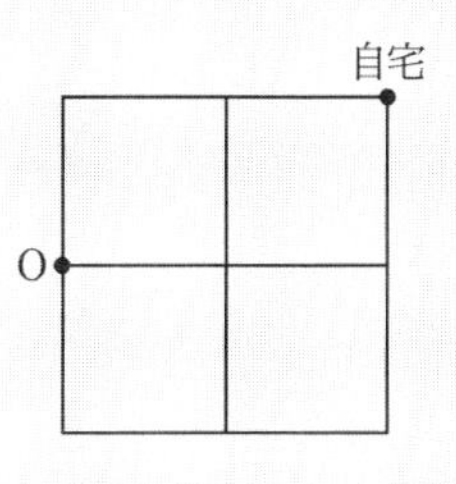


地点 O(にある居酒屋)から酔っぱらいが，図中の角(かど)にある自宅に向かって歩いてゆく．図では，通路区間が縦に 2 区間，横に 2 区間の碁盤目状になっている．この酔っぱらいは，泥酔しているようで，同一区間を進んでは,(分岐点や角の地点で)また戻るということもする．各分岐点や角の地点では等確率で進むか戻るかであるとして，この酔っぱらいがせいぜい総計 5 区間以内で自宅に帰る確率を求めよ．ただし，自宅に帰ったら，そこから逆戻りすることはないものとする．

**注.** 文中,「各分岐点や角の地点では等確率で進むか戻るかである」とは，例えば，地点 O から右へ 1 区間進んだ分岐点から各通路に入る確率はどれも $\frac{1}{4}$ ，また，O から上へ 1 区間進んだ地点では右へ進むか同一区間を戻るかの確率はどちらも $\frac{1}{2}$ ，ということである．なお，1 区間進んでその区間を戻ったら 2 区間歩いたとする．**《持ち時間・60 分》**

**解答過程**

1 区間**進む**ということを単に右または上，1 区間**戻る**ということを左または下と記すことにする．総計 4 区間で自宅に戻るということはないので，3 区間または 5 区間で場合分けをする．

**3 区間で帰る場合**

右右上，右上右，上右右

この場合の確率 $p_3$ は

$$p_3 = \frac{1}{3}\times\frac{1}{4}\times\frac{1}{3}+\frac{1}{3}\times\frac{1}{4}\times\frac{1}{3}+\frac{1}{3}\times\frac{1}{2}\times\frac{1}{3}=\frac{1}{9}.$$

**5 区間で帰る場合**

右左右右上，右上下右上，右下上右上，
右下右上上，右右下上上，……？

**■局盤〈2〉**

一見，簡単な通行路だが，ただ闇雲に場合分けをしていては，その数が多過ぎて持ち時間が 60 分でも**迷路入り**するであろう．**5 区間で帰**

**る場合**を，センスよく決める**その一手**は？

 **局盤⟨1⟩での次の一手：**

1～6の目から二つが選ばれる場合の数は ${}_6\mathrm{C}_2$．そしてその二つの数のどちらにも $i_1, i_2, i_3$ の少なくとも一つが当てがわれるようにする場合の数は $2^3-2$ だけある．

$$\therefore\ P_3(2)={}_6\mathrm{C}_2(2^3-2)\left(\frac{1}{6}\right)^3=\frac{5}{12}\qquad\cdots\cdots\text{答}$$

または

1～6の目から二つが選ばれる場合の数は ${}_6\mathrm{C}_2$．そして，その二つの数のどちらが2回重複使用されるかが2通りで，それら3枚の順列が $\frac{3!}{2!}$ だけある．

$$\therefore\ P_3(2)={}_6\mathrm{C}_2\cdot2\cdot3\left(\frac{1}{6}\right)^3=\frac{5}{12}\qquad\cdots\cdots\text{答}$$

$P_3(3)$ は，屈折点が3個なので，$i_1, i_2, i_3$ の全てが異なる確率.

$$\therefore\ P_3(3)={}_6\mathrm{P}_3\left(\frac{1}{6}\right)^3=\frac{5}{9}\qquad\cdots\cdots\text{答}$$

(3) $\qquad f(x)=|x-i_1|+|x-i_2|+|x-i_3|+|x-i_4|$

$y=f(x)$ のグラフが $x=3.5$ に関して対称になるというから，屈折点が1個，3個の場合はない.

**屈折点が2個の場合**

例えば, 3と4の組合せを (3, 4) で表し, 3の目が2回, 4の目が2回の順列の数は $\frac{4!}{2!2!}=6$. 他に (2, 5), (1, 6) の組合せもあるから, $6\times3=18$ 通り.

**屈折点が4個の場合**

例えば，(1, 2, 5, 6) の順列の数は $4!=24$．他に (1, 3, 4, 6), (2, 3, 4, 5) の組合せもあるから，$24\times3=72$ 通り.

求める確率は $(18+72)\left(\frac{1}{6}\right)^4=\frac{5}{72}$ 

**解説または意見**　本問の関所は，(2) における $P_3(2)$ である．最初の**解答**は，重複順列で，後の方は，ふつうの順列で解いている．解けなかった人は，両**解答**をよく学んでおかれたい．

なお，本問は，**従来の打電伝信モードをグラフィックスの様相に切り変えた問題**で，時代背景を伺わせるもの，といえるだろう．

## 局盤〈2〉での次の一手：

**右下図**のように，各分岐点等に $A_1, A_2, \cdots$ と記す．

ｉ）O からスタートし，1 区間進んではすぐ **O に戻る場合**

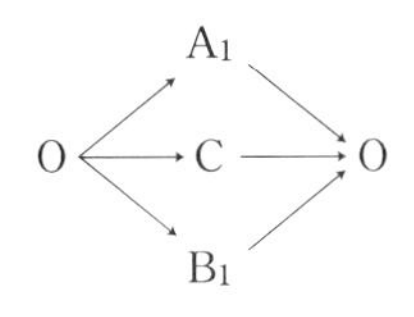


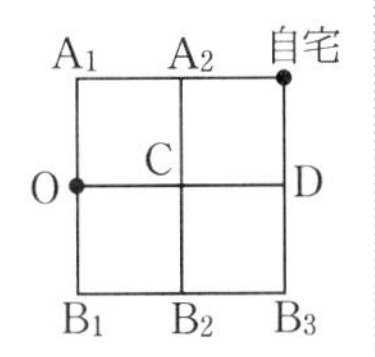


この場合で自宅に帰る確率は

$$\frac{1}{3}\left(\frac{1}{2}+\frac{1}{4}+\frac{1}{2}\right)p_3=\frac{5}{108}.$$

**ii**）　**i**）以外の場合　　　　　　　　**確率**

$$\frac{1}{3}\times\left(\frac{1}{4}\times3\times\frac{1}{3}\times\frac{1}{4}\times\frac{1}{3}\times2\right)=\frac{1}{72}$$

（上の graph は C を経由して再び C に戻る場合）

$$\frac{1}{3}\times\left(\frac{1}{4}\times\frac{1}{3}\times\frac{1}{2}\times3\right)\times\frac{1}{3}=\frac{1}{72}$$

$$\frac{1}{3}\times\frac{1}{2}\left\{\frac{1}{3}\times\frac{1}{2}\times\frac{1}{3}+\frac{1}{3}\left(\frac{1}{4}\times\frac{1}{3}+\frac{1}{4}\times\frac{1}{3}\right)\right\}=\frac{1}{54}$$

$$\frac{1}{3}\times\frac{1}{2}\left\{\frac{1}{3}\left(\frac{1}{4}\times2\right)\times\frac{1}{3}+\frac{1}{3}\times\frac{1}{2}\times\frac{1}{3}\right\}=\frac{1}{54}$$

以上より求める確率は

$$\frac{1}{9}+\left(\frac{5}{108}+\frac{1}{54}\times 2+\frac{1}{72}\times 2\right)=\frac{2}{9} \quad \cdots\cdots \text{答}$$

解説または意見　本問は，「**酔歩の問題**」といわれるものを題材にしてはいるが，現実性と新鮮さはあるはずで，結構，問題を解くことも楽しめたのでは，と思われる．(ただし，現実性につながることが数学にとって必ずしもよいというわけではないが．) 上述，「**次の一手**」のように決めれる人は，大体，最後まで押し切れたであろう．**解答**では**点 O と C で，そこに戻るか戻らないかで場合分けをしている**．この着眼点が，首尾よく解答できるか否かの分岐点になっている．

第二十五・第二十六番
勝負

# 整数問題

**整数問題**は，入試程度であれ，それ以上であれ，一般に難しい．それは，問題があまり型にはまらないからである．しかし，**整数問題**の攻略では，基本的には，**(素)因数分解**や**剰余の定理**などを駆使することになる．これらをどういうときに，どう用いるかは各人の勘に依存してくるのである．

今回は，**整数問題**に対する基本的な着眼力を向上させるべき問題を「**次の一手**」の対象としよう．

**【問題 1】**

$n$ を2以上の自然数とする．条件 $k_1 \geqq 1, \cdots, k_{n-1} \geqq 1$, $k_n \geqq 0$ を満たす $n$ 個の整数の組 $(k_1, k_2 \cdots, k_n)$ に対して，自然数 $m(k_1, k_2 \cdots, k_n)$ を次のように定める．

$m(k_1, k_2, \cdots, k_n) = 2^{k_1+k_2+\cdots+k_n} - 2^{k_2+\cdots+k_n} - 2^{k_3+\cdots+k_n} - \cdots - 2^{k_n}$

(1) $1999 = m(k_1, k_2, k_3, k_4)$ となる $(k_1, k_2, k_3, k_4)$ を求めよ．

(2) $m(k_1, k_2, \cdots, k_n) = m(\ell_1, \ell_2, \cdots, \ell_n)$ であれば，$k_j = \ell_j$ $(j = 1, 2, \cdots, n)$ が成り立つことを示せ．

**《持ち時間・30 分》　　名古屋大(理系)・平成 11(前)**

**解答過程**

(1) $1999 = 2^{k_1+k_2+k_3+k_4} - 2^{k_2+k_3+k_4} - 2^{k_3+k_4} - 2^{k_4}$

$(k_1, k_2, k_3 \geqq 1, k_4 \geqq 0)$

において $k_4 = 0$ は明らか．従って

$$2000 = 2^4 \cdot 125 = 2^{k_3}(2^{k_1+k_2} - 2^{k_2} - 1) \text{ となり，} \quad k_3 = 4.$$

そして $126=2\cdot 63=2^{k_2}(2^{k_1}-1)$ となり， $k_2=1$．そして $64=2^6=2^{k_1}$ に到って $k_1=6$．

$\therefore\ (k_1, k_2, k_3, k_4)=(6, 1, 4, 0)$ ……答

■**局盤〈1〉** ここまではできて当然．(2)を積極的に取り込むためには，軽く好一手を決めなくてはならない．では，**その軽い好一手**は？

**【問題 2】**

「$n$ を 2 より大きい自然数とするとき $x^n+y^n=z^n$ を満たす整数解 $x, y, z$ $(xyz \neq 0)$ は存在しない．」

というのは**フェルマーの最終定理**として有名である．しかし多くの数学者の努力にもかかわらず一般に証明されていなかった．ところが 1995 年この定理の証明がワイルスの 100 ページを超える大論文と，テイラーとの共著論文により与えられた．当然 $x^3+y^3=z^3$ を満たす整数解 $x, y, z$ $(xyz \neq 0)$ は存在しない．

さてここではフェルマーの定理を知らないものとして，次を証明せよ．

$x, y, z$ を 0 ではない整数とし，もしも等式 $x^3+y^3=z^3$ が成立しているならば， $x, y, z$ のうち少なくとも 1 つは 3 の倍数である．

**《持ち時間・30 分》　信州大（理・経済）・平成 10（前）**

**【問題 2'】**

$x, y, z$ の方程式 $x^3+y^3=z^3$ ( $x, y, z$ は正の整数）は

$$x=3a+1,\ y=3b+2,\ z=3p$$

（ $a, b$ は 0 以上の整数， $p$ は 3 でない素数）

という形の解をもたないことを証明せよ．

**注.** フェルマーの大定理の成立を知っていて，それを用いるなら，その証明をしてからにせよ．

**《持ち時間・30 分》**

**解答（問題 2）**

$x=3k\pm1,\ y=3\ell\pm1,\ z=3m\pm1$（$k,\ell,m$ は整数）として，$x^3+y^3=z^3$ に代入すれば，どのように複号の組合せをとっても，（目の子で）3 の倍数 $=\pm1$，となって矛盾．（**証終**）

**解答過程（問題 2'）**

$x^3+y^3=(x+y)(x^2-xy+y^2)$ だから，方程式は次の形になる．

$$(a+b+1)(3a^2+3b^2-3ab+3b+1)=3p^3. \qquad \cdots\cdots①$$

■**局盤〈2'〉　問題 2** だけでは引き締まりが無さ過ぎるので，**問題 2'** を加えた．さて，ここまでは単なる計算．此処で軽妙な一手を打たないと次の段階に進めない．では，**その軽妙な一手**は？

**局盤〈1〉での次の一手：**

(2) $m(k_1,k_2,\cdots,k_n)=m(\ell_1,\ell_2,\cdots,\ell_n)$ において $k_n\geqq\ell_n\geqq0$ としてよいから，

$$2^{k_n-\ell_n}(2^{k_1+k_2+\cdots+k_{n-1}}-2^{k_2+\cdots+k_{n-1}}-\cdots-2^{k_{n-1}}-1)$$
$$=2^{\ell_1+\ell_2+\cdots+\ell_{n-1}}-\cdots-2^{\ell_{n-1}}-1.$$

$k_1,k_2,\cdots,k_{n-1}\geqq1$；$\ell_1,\ell_2,\cdots,\ell_{n-1}\geqq1$ だから，$k_n>\ell_n$ では上式は不合理．従って $k_n=\ell_n$．

そして，同様に

$$2^{k_{n-1}-\ell_{n-1}}(2^{k_1+k_2+\cdots+k_{n-2}}-2^{k_2+\cdots+k_{n-2}}-\cdots-1)$$
$$=2^{\ell_1+\ell_2+\cdots+\ell_{n-2}}-\cdots-1$$

となって $k_{n-1}=\ell_{n-1}$．このような手続きを合計 $n$ 回繰り返して $k_1=\ell_1$ に到る．◀

解説または意見　問題文は,「**次の一手**」向けにする為，改文させて頂いた．**原出題**の方は,「$m(k_1, k_2)=m(\ell_1, \ell_2)$ であれば, $k_1=\ell_1, k_2=\ell_2$ である」ことを設問に加えてある．基本的には,「左右辺が偶数か奇数か」だけの問題なので，此処に提示した設問形式ぐらいで解けるようでなくてはなるまい．

**局盤〈2〉での次の一手：**

$z<x+y$ であるから,（＊）$2 \leqq p<a+b+1$ $(p \neq 3)$.
そして，①において $3(a^2+b^2-ab+b)+1$ と 3 は互いに素だから,

$$a+b+1=3L \text{（}L\text{ は正の整数）} \quad \cdots\cdots②$$

という形でなくてはならない．

従って，①は　$L\{3(a^2+b^2-ab+b)+1\}=p^3$.　……③

②と③において

$$\frac{a+b+1}{3}=L<3(a^2+b^2-ab+b)+1$$

に注意しておく．(これより $L$ は，$L=1, p$ しか取り得ない.)

**イ**）$L=1$ の場合，②より $a=b=1$，そして（＊）より $p=2$ となり，③は，$7=p^3=2^3$ となって不合理．

**ロ**）$L=p$ の場合，②と③は

$$a+b+1=3p, 3(a^2+b^2-ab+b)+1=p^2.$$

これらより

$$3(a^2+b^2-ab+b)+1=\left(\frac{a+b+1}{3}\right)^2.$$

しかし，この式は明らかに，左辺＞右辺，であって等式は成り立たない．

以上で，提示された形の解はないことが証明された．◀

解説または意見　実の所，これまで**問題 2** を扱うつもりは無かった．

まず,“ワイルス”とか“100 ページを越える大論文”とかと述べている

ことは問題そのものとは何の関係もなく浮いているし，試験場で受験生が読んで楽しめる，というか relax できる，というものでもないだろう．しかも，問題は始めから解答方針が見え透いているのに前提文があまりにも大層過ぎる，というきらいがあったからである．そこで此の度は，「**次の一手**」に相応しくなるように**問題 2** を**少し推進させて扱うことにしよう**，と発案した訳である．

では，**問題 2'** の「**次の一手**」においてだが， $z<x+y$ については大丈夫であろうか？ 念の為，説明すると， $z\geqq x+y$ では， $x^3+y^3=z^3\geqq(x+y)^3$ となってすぐ矛盾が生じる，ということ．「$z<x+y$ より（＊） $p<a+b+1$ $(p \neq 3)$ ，は不要のものでは？」と思う人が多いかもしれないが，それは違う．この証明では，もし $a+b+1<3$ というのであれば，式①から矛盾が生じる，という事を捉えなくてはならないのである． $p<a+b+1$ $(p \neq 3)$ ，従って $a+b+1>3$ というのは，**この時点では未だ矛盾は生じてはいない**，ということを**保証する**ものにもなっている．（この程度の問題ではあまりその大切さが伝わらないが，本格的になると，その大切さがわかる．意味のない無駄をしない為にも．）

さて，**問題 2'** は，まだ，**おもちゃ**の域を出ないが，実は，この形式において， $z=3k$（$k$ は合成数で，3 の倍数であってもよい）としても解がないことを証明できたら，フェルマーの大定理（$n=3$）を本質的に証明したことになる．もちろん，それは，一挙に難しさが跳ね上がるので，試験などには向かない．
1700 年代のスイスの数学者**オイラー**（**L. Euler**）は， $n=3$ のときで，**初めて問題を解決した人**である．“初めて”，というのは，1600 年代に問題を提起したことになる**フェルマー**は， $n=4$ のときでしか証明を公表していないようである，からである．

著者は，一般の $n$（本質的には $n$ は 4 または 3 以上の素数）に対して若干の初等的特性を捉えてはいるが，解決には程遠いので，放ったままにしてある．尚，一般の $n$ に対しては，「初等数学だけでは解決できないのでは？」という見方（「**モデル論**」といわれるもの）がある，と付け添えておこう．

「**フェルマーの最終定理**」というものは，一種の“**進入禁止定理**”（**NO-GO 定理**）のようなものであるが，その有用性となれば，……？どうも，これは,「**フェルマーの大問題**」という方が適しているように思われるのだが,….

## 第二十七・第二十八番 勝負　整数の剰余

整数 $a$ を $0$ でない整数 $b$ で割るということは，$a=bq+r$（$q, r$ は整数で，$0 \leqq r \leqq b-1$）と表記することに他ならない．ここに，$q$ は**商**，$r$ は**剰余**（**余り**）といわれる．$r=0$ のとき，$a$ は $b$ の**倍数**，または $b$ は $a$ の**約数**（$b$ は，勿論，$a$ と $b$ の最大公約数）といわれる．さらに，記号の意味は既述のものと同様であるとして，$a'=bq'+r'$ $(0 \leqq r' \leqq b-1)$ とする．このとき $aa'$ を $b$ で割った剰余は $rr'$ を $b$ で割った剰余，$a+a'$ を $b$ で割った剰余は $r+r'$ を $b$ で割った剰余である事は全く当たりまえのこと．
此の度はこのような諸点を踏まえた**整数問題**を扱ってみる．

**【問題1】**

自然数 $n$ に対し，$S_n=1^n+2^n+3^n+4^n$ とおく．このとき，
(1) $S_n$ が $6$ の倍数であるための条件を求めよ．
(2) $S_n$ は $12$ の倍数にならないことを示せ．

**《持ち時間・25分》**　**奈良県医大・平成12**

**解答過程**
(1) $S_n$ が偶数であることは明らかなので，後（あと）は $3$ の倍数になるように $n$ の条件を定めればよい．これは，$1^n+2^n+4^n$ が $3$ の倍数になる条件である．

**■局盤〈1〉**　解答の仕方は幾通りもあるが，此処は，軽く捌いて (2) に時間を少し多く割り当てれるようにした方がよい．では，その**軽い**

**捌きの一手**は？

**【問題 2】**

次のような（等差数列の組み入れられた）規則をもつ数列 $\{a_n\}$ $(n=1, 2, 3, \cdots)$ がある：

$$\{a_n\}=4, 5, 9, 13, 14, 18, 22, 23, 27, 31, 32, 36, 40, 41, \cdots.$$

$\{a_n\}$ の一般項を $a_n$ で表す．いま，

$$f(x)=\frac{1}{3}x(4x^2-1)\ \ (x>0)$$

とするとき，$f(a_n)$ はつねに 3 の倍数であることを示せ．さらに，$f(a_n)$ が 12 の倍数となるような $n$ の条件を求め，そのような $f(a_n)$ の具体例を小さいものから順に三つ求めよ．

**《持ち時間·40 分》**

**解答過程**　なし

**■局盤〈2〉**　$a_n$ を求めれれば，後は剰余の整数問題になる．従って，$\{a_n\}$ の規則をどう捉えて一般項を表すかが手始めの一手となる．軽快に**その一手**を決めるには？

**局盤〈1〉での次の一手：**

$1^n+2^n+4^n$ において，$4^n$ を 3 で割った余りは 1 で，$2+2^n$ を 3 で割った余りは $2+(-1)^n$ である．

$2+(-1)^n$ が 3 で割り切れるための条件が求めるべき $n$ の条件である：

$n$ は偶数 ……

(2) $S_n$ は（6 で割り切れなければ論外なので），少なくとも 6 で割

り切れなくてはならない．この際，(1) から $n$ は偶数でなくてはならない．然るに $S_n$ ( $n$ は偶数) は 4 では割り切れないことを示せばよい．

$n=2k$ ( $k$ は自然数) として

$$S_{2k}=1^k+4^k+9^k+16^k$$

であり， $S_{2k}$ が 4 で割り切れるか否かは $1+9^k$ の項で決まる． $1+9^k$ を 4 で割った余りは， $1+1(=2)$ を 4 で割った余りで，それは 2.

よって $S_n$ は 12 で割り切れない． ◀

**解説または意見** 「**次の一手**」における“ $2^n$ を 3 で割った余り”は大丈夫であろうか？ 念の為，少し解説しておく． $2^n=(3-1)^n$ なので，これを 3 で割った余りは $(0-1)^n=(-1)^n$ となるのである．あるいは，2 項展開を用いて， $(3-1)^n=\sum_{r=1}^{n}{}_n\mathrm{C}_r 3^r(-1)^{n-r}+(-1)^n$ とみてもよい．

### 局盤〈2〉での次の一手：

> $m=1, 2, 3, \cdots$ として
>
> $$a_n=\begin{cases}9m-5 & (n=3m-2\text{ のとき})\\ 9m-4 & (n=3m-1\text{ のとき})\\ 9m & (n=3m\text{ のとき}).\end{cases}$$

従って， $f(x)=\dfrac{1}{3}x(2x-1)(2x+1)$ において，

$$\begin{aligned}f(a_{3m-2})&=\frac{1}{3}(9m-5)(18m-11)(18m-9)\\&=3(9m-5)(18m-11)(2m-1).\end{aligned}$$

同様に

$$f(a_{3m-1})=3(9m-4)(2m-1)(18m-7),$$
$$f(a_{3m})=3m(18m-1)(18m+1).$$

これで $f(a_n)$ $(n=1, 2, 3, \cdots)$ が 3 の倍数であることが示された. ◀

$f(a_n)$ が 12 の倍数になるには，それが 4 の倍数でなくてはならない．まず，$f(a_{3m-2})$ が 4 の倍数となるには $\ell$ を適当な整数として

$$9m-5=4\ell\ ，即ち，\ m=4j+1,\ \ell=9j+1\ (j=0, 1, 2, \cdots)$$

でなくてはならない.（この不定方程式を解くのは読者自らが演習.）

よって

$$n=3m-2=12j+1\ (j=0, 1, 2, \cdots).$$

同様に $f(a_{3m-1}), f(a_{3m})$ についてはそれぞれ

$$n=3m-1=12j-1,\ \ n=3m=12j\ \ (j=1, 2, \cdots).$$

以上をかんがみて，求めるべき $n$ の条件は

$$\begin{cases} n=12j\pm1,\ 12j\ \ (j=0, 1, 2, \cdots) \\ \text{ただし，} n=12j-1 \text{ と } n=12j \text{ では } j \neq 0. \end{cases}$$ ……答

$n$ は小さい方から三つとれば，$n=1, 11, 12$．そして

$$a_1=4,\ a_{11}=32,\ a_{12}=36.$$

さらに，$f(x)$ は $x \geqq 1$ で単調増加関数であることに留意する.

$$\therefore\ \ f(a_1)=84,\ \ f(a_{11})=43680,\ \ f(a_{12})=62196$$ ……答

**解説または意見** 一般項 $a_n$ については，数列 $\{a_n\}$ がある周期性を有している事に着眼できれば，あとは等差数列の一般項を求めるだけだが，首尾よく解けたかな？ **解答**中盤において，例えば，“$f(a_{3m-2})$ が 4 の倍数”では,「$m=(4\ell+5)/9$ を満たすもの」と述べるだけでは**不十分**である．きちんと不定方程式を解く所までもってゆくこと.

*　　　　　　*

**問題 2** は，**問題 1** に見合わせるようにした新作問題である.

ところで，高校生・受験生が,「問題は入試問題であるか，更には近年のものであるか」，ということにこだわるのは，昔からそうである.

「近年の入試過去問でないと，来たるべき入試には出ない(——入試対策には最近の入試過去問が，類題出題の可能性から見て best)」，とい

う考えがいつの時代も支配してきているからである.
それでよければ，このような執筆などは大したことではない．しかし，**それでは学習者に一体何が伝わってゆくのであろうか**，と危惧されてならない.
その故にも，時間が許す限り，できるだけ**自然な**新作問題を提供してきているのだが，今時の時代では，過去に，人目に晒（さら）されていないようなideaでの問作は，1題でも，かなりの労力と時間が要る .（この苦労は，問作して公開した人間にしか分からない .）しかも，問題はよくできて当たりまえ，さもなくば，(慧眼ある人物に）どう思われているのか分かったものではないのだから，「**1題の重み**」がどれ程のものか，そして更に「**問作者**兼（**単独**）**解答者**」の個人名付きとなれば責任度はどれ程のものかは，少し位でも，察して戴けるであろう．それ故，学習者は，そのような**責任の重くかかった問題を無駄にしないように**，実力向上の為に，充分役立てて戴きたい.

第二十九・第三十番 勝負

# 漸化式の問題・今昔

数列 $\{a_n\}$ $(n=1, 2, \cdots)$ の**漸化式**とは,（既に扱ってはいるが,）第 $n$ 項 $a_n$ と，その隣接項 $a_{n-1}$ や $a_{n+1}$ との関係式である．

昭和45年頃までは，漸化式の問題はあまり流行してはいなかったようである．そのせいか，漸化式については，その頃までの問題は素直なものがふつうであった．勿論，中にはかなりの難問もあったが，その後,（ざらに）見かけられるような，**結果から逆手順で作った**というものは少なかったようである．

そこで，此の度は，そのような漸化式の夥(おびただ)しい問題の中から，**できるだけ自然に沿った問題**を，今昔併せて1題ずつを採り挙げ,「**次の一手**」の対象とする．

**【問題 1】**

複素数平面上の点 $a_1, a_2, \cdots, a_n$ を

$$\begin{cases} a_1=1,\ a_2=i \\ a_{n+2}=a_{n+1}+a_n \quad (n=1, 2, \cdots) \end{cases}$$

により定め,

$$b_n=\frac{a_{n+1}}{a_n} \quad (n=1, 2, \cdots)$$

とおく，ただし，$i$ は虚数単位である．

(1) 3点 $b_1, b_2, b_3$ を通る円 $C$ の中心と半径を求めよ．

(2) すべての点 $b_n$ $(n=1, 2, \cdots)$ は円 $C$ の周上にあることを示せ．

《持ち時間・25分》　　東京大(理類)・平成13年(前)

**解答過程**

(1)　　$b_1=\dfrac{a_2}{a_1}=i,\ \ b_2=\dfrac{a_3}{a_2}=\dfrac{a_2+a_1}{a_2}=1-i,$

$$b_3=\frac{a_4}{a_3}=1+\frac{a_2}{a_3}=\frac{1}{2}(3+i).$$

円 $C$ の中心を複素数 $c_0$ として

$$|c_0-i|=|c_0-(1-i)|=\left|c_0-\frac{3+i}{2}\right|.$$

左側の等式より….

**■局盤〈1〉**　力づくの計算だけでも解けるが，時間は 25 分しかない．されば，もう少し手短に解くようにしないと，(2) に入るまでに時間切れとなる．出題側の意図を素早く見抜いて，**軽く一手**で決めるべし．

**【問題 2】**

$n$ は自然数で

$$(2+\sqrt{3})^n=x_n+y_n\sqrt{3}$$

をみたす整数 $x_n, y_n$ について，点 $(x_n, y_n)$ と点 $(x_{n+1}, y_{n+1})$ を結ぶ直線の傾きを $\ell_n$ とする．つぎの(1), (2)の値を求めよ．

(1) $x_n^2-3y_n^2$　　　(2) $\displaystyle\lim_{n\to\infty}\ell_n$

**《持ち時間・25 分》**　　　　**群馬大（工・医）・昭和 47 年**

**解答過程**　(1)

$$(2+\sqrt{3})^{n+1}=(2+\sqrt{3})(x_n+y_n\sqrt{3})=2x_n+3y_n+(x_n+2y_n)\sqrt{3}$$
$$=x_{n+1}+y_{n+1}\sqrt{3}.$$

$x_{n+1}, y_{n+1}$ は整数故

$$\begin{cases} x_{n+1}=2x_n+3y_n \\ y_{n+1}=x_n+2y_n \end{cases} \quad (x_1=2,\ y_1=1).$$

$$\therefore\ x_{n+1}^2-3y_{n+1}^2=x_n^2-3y_n^2=2^2-3\times1^2=1.$$

$$\therefore\ x_n^2-3y_n^2=1 \qquad \cdots\cdots 答$$

(2) $x_{n+1}^2-3y_{n+1}^2=x_n^2-3y_n^2=1$ より

$$\lim_{n\to\infty}\ell_n=\lim_{n\to\infty}\frac{y_{n+1}-y_n}{x_{n+1}-x_n}=\cdots\cdots?$$

■**局盤〈2〉**　多分，当時の多くの受験生は，このようにして，(2)で行き詰まったのではなかろうか？ では，その行き詰まりを打開若しくは回避するべき**次の一手**は？

**局盤〈1〉での次の一手：**

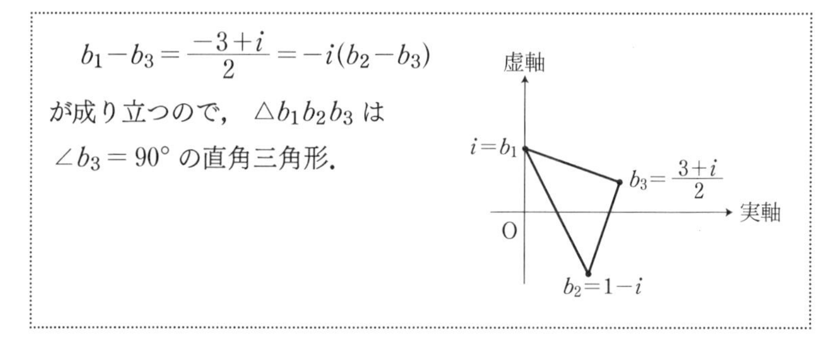

$$b_1-b_3=\frac{-3+i}{2}=-i(b_2-b_3)$$

が成り立つので，$\triangle b_1b_2b_3$ は $\angle b_3=90^\circ$ の直角三角形.



よって，円 $C$ の中心と半径は順に

$$\frac{1}{2},\ \frac{\sqrt{5}}{2} \qquad \cdots\cdots 答$$

(2)　$\dfrac{a_{n+2}}{a_{n+1}}=1+\dfrac{a_n}{a_{n+1}}$ より $b_{n+1}=1+\dfrac{1}{b_n}$.

数学的帰納法で $\left|b_n-\dfrac{1}{2}\right|=\dfrac{\sqrt{5}}{2}$ を示そう．$\left|b_1-\dfrac{1}{2}\right|=\dfrac{\sqrt{5}}{2}$ は明ら

か．$n=k$ のとき，$\left|b_k-\dfrac{1}{2}\right|=\dfrac{\sqrt{5}}{2}$，即ち，$|b_k|^2-\dfrac{1}{2}(b_k+\overline{b}_k)$ $=1$ が成り立つとすれば，

$$\left|b_{k+1}-\frac{1}{2}\right|^2=\left|\frac{1}{b_k}+\frac{1}{2}\right|^2=\frac{b_k+\overline{b}_k+2}{2|b_k|^2}+\frac{1}{4}=\frac{5}{4}.$$

よって，$n=1, 2, \cdots$ に対して $\left|b_n-\dfrac{1}{2}\right|=\dfrac{\sqrt{5}}{2}$ が成り立つので，点 $b_n$ $(n=1, 2, \cdots)$ は $C$ 上にある．◀

解説または意見　(1)は，図を少し**丁寧に**描けばすぐ見当がつく．

漸化式と（複素数）平面での円や直線上の点列の問題はよくあるが，このようなとき，漸化式そのものを解いてもあまり甲斐（かい）がないことも多い．本問の場合，**「問題の芯」**は，**漸化式の解そのものではなく**，図形の方にある．**「問題の芯」がどこにあるのかを，きちんと見極めれるように**，日頃から注意されたい．

### 局盤〈2〉での次の一手：

点 $(x_n, y_n)$ は双曲線 $x^2-3y^2=1$ の上にある．この双曲線の漸近線は $y=\pm\dfrac{1}{\sqrt{3}}x$.

$$\therefore\quad \lim_{n\to\infty}\ell_n=\frac{1}{\sqrt{3}}\quad(\because\ \ell_n>0\ より)\qquad\cdots\cdots 答$$

解説または意見　(2)について．$\ell_n=\dfrac{y_{n+1}-y_n}{x_{n+1}-x_n}$ として解くなら，次のようにすればよい（**別解**）：

$1-3\left(\dfrac{y_{n+1}}{x_{n+1}}\right)^2=\dfrac{1}{x_{n+1}^2}$，そして明らかに $\lim\limits_{n\to\infty}x_{n+1}=\infty$ なので，$\lim\limits_{n\to\infty}\dfrac{y_{n+1}}{x_{n+1}}=\dfrac{1}{\sqrt{3}}$.

また，(1)での連立漸化式より

$$\begin{cases} 1 = 2\cdot\dfrac{x_n}{x_{n+1}} + 3\cdot\dfrac{y_n}{x_{n+1}} \\ \dfrac{y_{n+1}}{x_{n+1}} = \dfrac{x_n}{x_{n+1}} + 2\cdot\dfrac{y_n}{x_{n+1}}. \end{cases}$$

$\displaystyle\lim_{n\to\infty}\frac{x_n}{x_{n+1}} = \alpha$, $\displaystyle\lim_{n\to\infty}\frac{y_n}{x_{n+1}} = \beta$ ($\alpha$, $\beta$ は有限)としてよいから，上式で $n \to \infty$ として

$$\begin{cases} 1 = 2\alpha + 3\beta \\ \dfrac{1}{\sqrt{3}} = \alpha + 2\beta \end{cases}, \text{ 故に } \alpha = 2-\sqrt{3},\ \beta = \frac{2-\sqrt{3}}{\sqrt{3}}.$$

$$\therefore\ \lim_{n\to\infty}\ell_n = \lim_{n\to\infty}\frac{\dfrac{y_{n+1}}{x_{n+1}} - \dfrac{y_n}{x_{n+1}}}{1-\dfrac{x_n}{x_{n+1}}} = \frac{\dfrac{1}{\sqrt{3}} - \dfrac{2-\sqrt{3}}{\sqrt{3}}}{1-(2-\sqrt{3})} = \frac{1}{\sqrt{3}}.$$

数学の解答の仕方としては，こちらの方がよいのだが，大至急の時間に追われる以上，前の方でやらざるを得ないだろう．「前の方が筋がよい」，というのでは**ではない**．

今のところ，入試では，「ただ速く答えを求めさえすればよい」のだから，(視覚べったりの)図はフルに使ってよい，というだけのこと．**問題 1**(1)，また，**問題 2**(2)の**解答**では，そうしている．裏を返せば，ばかまじめに数式だけで押し通そうとする受験生は**実力があっても不合格になりやすい**，といえる．それでも，「ばかまじめにやる」，という性格なら，そして押し切れるなら，そのばかまじめさとその底力は高く評価するに価(あたい)する(——それは，きっと，**数学的才能**の方が**世才**を凌駕(りょうが)しているからであろうから．)．

*　　　　　　　　　　　　　*

“今昔物語”——入試問題にも豊作年と不作年がある．少々昔なら昭和 47 年，平成 2 年などは豊作年の方であろう．近年寄りなら平成 10 年か．

## 第三十一・第三十二番勝負　対数関数と不等式

**対数の基本**は,（ $a, b, c$ の条件を省略して）$\log_c b = a$ が, $b = c^a$ で定義されている事である．あとは,

$$\log_c a + \log_c b = \log_c ab,\ \log_c a - \log_c b = \log_c \frac{a}{b}$$

等を用いるだけなので，問題は殆ど単なる算数計算になる．
それ故，高校数学における対数は，あまりおもしろい分野とはいえまい．一応，問題らしくなるのは，対数を含めた不等式辺りからであろうから，此の度は，その辺りの問題を採り挙げて,「**次の一手**」の対局相手とする．

**【問題 1】**

(1) $a$ を 1 より大きい実数とする．0 以上の任意の実数 $x$ に対して次の不等式が成り立つことを示せ．

$$\log 2 + \frac{x}{2}\log a \leqq \log(1+a^x) \leqq \log 2 + \frac{x}{2}\log 2 + \frac{x^2}{8}(\log a)^2$$

(2) $n = 1, 2, 3, \cdots$ に対して

$$a_n = \left(\frac{1+\sqrt[n]{3}}{2}\right)^n$$

とおく．(1)の不等式を用いて極限 $\lim_{n\to\infty} a_n$ を求めよ．

《持ち時間・30 分》　大阪大(理系)・平成 10(前)

**解答過程**　なし

**■局盤〈1〉** （1）単なる微分計算で済むが，このような問題で多大の時間をとられると，他の問題に配分する時間がなくなる．できるだけ手間をかけないで，スタート時から軽く決めてゆきたい．その手始めの**好一手**は？

**【問題 2】**

実数 $x, y$ が $x \geqq y \geqq 1$ を満たすとき，次の不等式が成立することを示せ．

$$(x+y-1)\log_2(x+y) \geqq (x-1)\log_2 x + (y-1)\log_2 y + y$$

**《持ち時間・25 分》　　京都大（総合人間，他）・平成 12（後）**

**解答過程（例）**

$$(x+y-1)\log_2(x+y) - (x-1)\log_2 x - (y-1)\log_2 y - y$$
$$= \cdots\cdots$$

**■局盤〈2〉** 「左辺 - 右辺」を力づくの計算で示すのは構わないが，それだけでは，**出題側の手の内は洞察できないのでは**？ $x$ と $y$ が対称になっていないが，「**それは見掛けだけのもの**」，と察し得れば，問題は直ちに崩れる．では，その手の内を推測するべき**次の一手**は？

**局盤〈1〉での次の一手：**

(1)
$$0 \leqq \log(1+a^x) - \frac{x}{2}\log a - \log 2$$
$$= \log\frac{1}{2}\left(\frac{1}{a^{x/2}} + a^{x/2}\right) \leqq \frac{x^2}{8}(\log a)^2 = \frac{1}{2}(\log a^{x/2})^2.$$

$\dfrac{1}{2}\left(\dfrac{1}{a^{x/2}}+a^{x/2}\right)\geqq 1$ より，上式左側の不等式の成り立つことは明らか．右側の不等式は， $\log a^{x/2}=t$ と置くと $\log\dfrac{e^t+e^{-t}}{2}\leqq\dfrac{t^2}{2}$．$t\geqq 0$ としてこれを示せばよい：

$f(t)=\dfrac{1}{2}t^2-\log\dfrac{e^t+e^{-t}}{2}$ $(t\geqq 0)$ と表せば，

$f'(t)=t-\dfrac{e^t-e^{-t}}{e^t+e^{-t}}$，そして

$f''(t)=1-\dfrac{4}{(e^t+e^{-t})^2}=\left(\dfrac{e^t-e^{-t}}{e^t+e^{-t}}\right)^2\geqq 0.$

$f'(0)=0$ より $f'(t)\geqq 0$，そして $f(0)=0$ より $f(t)\geqq 0$． ◀

(2) (1)の不等式で $a=3,\ x=\dfrac{1}{n}$ と置いて

$$\frac{\log 3}{2n}\leqq\log(1+3^{1/n})-\log 2=\frac{\log a_n}{n}\leqq\frac{\log 3}{2n}+\frac{(\log 3)^2}{8n^2}.$$

従って
$$\frac{\log 3}{2}\leqq\log a_n\leqq\frac{\log 3}{2}+\frac{(\log 3)^2}{8n}.$$

$$\therefore\ \lim_{n\to\infty}a_n=3^{1/2}\,(=\sqrt{3})$$ ……答

**解説または意見**　(1)の不等式は，多くの人には複雑で目新しく見えるかもしれないが，実は，**極く単純な不等式**

$$1\leqq\frac{e^t+e^{-t}}{2}\leqq e^{t^2/2}$$

で，置き換えをして問作されたに過ぎない．その事は，ここでの**解答**をみれば一目瞭然であろう．

**局盤〈2〉での次の一手：**

$x>0,\ y>0$ なので，$\dfrac{x+y}{2}\geqq\sqrt{xy}$．

そして $x \geqq y \geqq 1$ より

$$(x+y)^{x-1}\left(\frac{x+y}{2}\right)^y \geqq (x+y)^{x-1}\sqrt{xy}^{\,y} \geqq (x+y)^{x-1}y^y \geqq x^{x-1}y^{y-1}.$$

対数をとって

$$(x+y-1)\log_2(x+y)-y \geqq (x-1)\log_2 x+(y-1)\log_2 y. \blacktriangleleft$$

解説または意見　「**次の一手**」以下を見れば，それ以上に解説する事はないのだが，念の為，**解答**中の不等式で

$$(x+y)^{x-1}\sqrt{xy}^{\,y} \geqq (x+y)^{x-1}y^y$$

は，すぐわかったであろうか？　もう少し詳しく記述するなら，

$$\sqrt{xy}^{\,y}=(xy)^{y/2} \geqq (y\cdot y)^{y/2}=y^y$$

ということ．

*　　　　　*

発明家の**エディソン**は，幼少時，おもちゃを買ってもらっても，すぐ分解して中の仕掛けを見たそうである．薇(ぜんまい)時計まで分解してしまい，家族の皆を困惑させた，というのも有名な話．しかし，**エディソンの独創性**はこの様にして磨かれたのであろう．

今時の時代では，時計も電動であるし，少しでも複雑に組まれた日用品は，大人とて分解して仕掛けを見るということができない．仮に分解したとて，回路が複雑で，その方面の技術者でもない限り，仕掛けはわからない．機械文明の進歩が，一方では人々に“便利さ”を享受させつつも，他方ではエディソンのような人間を育成できにくくしているとは皮肉なもの．子供達に自らの力で一つひとつ探求しようという関心を失わせてゆくのは一つの悲劇であろうが，これも仕方のないことか．

せめて，数学教育は悲劇になってもらいたくないのだが．

さて，**おもちゃ**なら，複雑に見えても大概の仕掛けは見抜ける．それは，「**数学のおもちゃ**」でも同様で，少し洞察力があれば人工的仕掛

けが見える．

今回の問題は，2 題共，同一の初歩的**情報**：「 $x>0, y>0$ のとき $(x+y)/2 \geqq \sqrt{xy}$ 」，という単純な不等式から組み立てられている（勿論，これが**仕掛け**である）．

既成あるいは既知の情報をいくつか組み合わせれば，目新しい問題はすぐ作れる．しかし，それは「**表面的新しさ**」に過ぎない．中身は，元々，知られているものばかりなのだから．このようなものは，勿論，学問としての「**数学**」にはならない．それだから，そういう「**数学**」を目指す青少年の試験には，上述のような応用問題はあまり相応しくない，といえる．しかし，入試問題は殆どそのようなものに集中している．これは，そういうものの宿命であろう．

## 第三十三・第三十四番 勝負　三角関数と不等式

数学においてのみならず，他の理工学分野においても，**三角関数**ほど自然で，そして内容的に豊富かつ応用的に広範なるものはないであろう．連続で，かつ微分法を適用できる周期現象は，悉く（ことごと）が三角関数で記述される．そのせいか，昔から入試問題でも三角関数の応用問題は主流を占めてきている．

一般に，入試問題は応用工作的なものであり，それを短時間で処理することをのみ要求してきている．（受験生の出来具合はともかくとして．）従って，数学の中心的位置を占める三角関数には，“入試問題とその対処法”の性格が際立って現れやすい，といえる訳である．

此の度は，そのような風潮の中で，あまりにも凝った問題からはできるだけ離れ，**素朴ながらも**，しかし，**問題としてよくできているもの**と，**数学的にも自然現象的にも望ましいといえるもの**を，入試問題の中から採ってみた．

**【問題 1】**

(1) 等式

$$\sin^2 x+\sin^2 y+\sin^2(x+y)=2-2\cos x\cos y\cos(x+y)$$

が成り立つことを示せ．

(2) $x>0°$, $y>0°$, $x+y<180°$ とする．

$$\sin^2 x+\sin^2 y+\sin^2(x+y)>2$$

であるとき，不等式 $x+y>90°$ が成り立つことを示せ．

**《持ち時間・25 分》**　**宮崎大(工)・平成 15**

**解答過程**　なし

■**局盤〈1〉**　(1)の等式を平凡にただ示すだけなら，左辺も右辺もバラバラに展開して，両辺の一致を確かめればよい．それは，(将棋用語では)**凡手**(じゅ)といわれる．勿論，それでも正解にはなるが，しかし，それは，**出題者の所望する解答ではない**．(感心できない手間ひまをかけるだけであるのみならず，解答としても率(そつ)が無さ過ぎる．)では，**出題者の所望する**，その手始めの**軽妙な一手**とは？

**【問題 2】**

不等式 $\cos 2x + cx^2 \geqq 1$ がすべての実数 $x$ について成り立つような定数 $c$ の値の範囲を求めよ．

**《持ち時間・25 分》**　　**北海道大(理系)・平成 13(前)**

**解答過程**　なし

■**局盤〈2〉**　序盤からして，解答の方針が幾通りもあるので，「**次の一手**」には向かないのだが，見掛けに比して，案外，受験生は苦手もしくは機械的計算に走り，行き詰まりやすいのでは？，という事由で採用した．微分法を用いらざるを得ないとしても，少しは**冴えた技**でないと，採点側もつまらないであろう．では，**入試出題側に披露するべきその最たる一手**は？

**局盤〈1〉での次の一手：**

(1)
$$\sin^2 x + \sin^2 y + \sin^2(x+y)$$
$$= \frac{1-\cos 2x}{2} + \frac{1-\cos 2y}{2} + 1 - \cos^2(x+y)$$

$$= 2 - \frac{1}{2}(\cos 2x + \cos 2y) - \cos^2(x+y)$$
$$= 2 - \cos(x+y)\cos(x-y) - \cos^2(x+y)$$

$$= 2 - \cos(x+y)\{\cos(x-y) + \cos(x+y)\}$$
$$= 2 - 2\cos x \cos y \cos(x+y) \quad ◀$$

(2) (1)より $\cos x \cos y \cos(x+y) < 0$ $(x > 0°, y > 0°, x+y < 180°)$. この不等式より $\cos x$, $\cos y$, $\cos(x+y)$ の

一つが負　または　三つとも負

となるが，三つとも負というのは $x+y < 180°$ に反する．従って，一つが負でなくてはならなく，それも $\cos(x+y) < 0$ に限る．以上より $x+y > 90°$ ． ◀

**解説または意見**　(1)では，$\sin^2(x+y) = \dfrac{1-\cos 2(x+y)}{2}$ として動きがとれなくなったり，迷路にはまったりした人が多いのではないだろうか．見境無く計算をするのは「**高校算数**」までは通用しても，苟（いやしく）も「**数学**」では，凡手以下の**悪手**となるものである．出題側にとっては，それを見込んでの**嵌（は）め手**を投げ込んだ問題といえるであろう．

(2)は，背理法でもよい．つまり，( $x+y = 90°$ はあり得ないから) もし $0° < x+y < 90°$ とすれば，$\cos x$, $\cos y$, $\cos(x+y)$ の三つが正となり，$\cos x \cos y \cos(x+y) < 0$ に矛盾する，ということになる．

しかし，一般的にいうなら，背理法や数学的帰納法というものはあまり勧めれない．というのは，これらは，**結果が判明しているようなものにしか通用しない**からである．それでは数学的に非自明なものは得られないのであるから，読者はできるだけ**積極的解答**をするように心懸けられたい．

**局盤〈2〉での次の一手：**

$|x| \geqq |\sin x|$ を示す．$f(x) = x - \sin x \geqq 0$ $\left(0 \leqq x < \dfrac{\pi}{2}\right)$ を示せばよいが，それは，

$f'(x) = 1 - \cos x \geqq 0$ $\left(0 \leqq x < \dfrac{\pi}{2}\right)$，そして $f(0) = 0$ より $f(x) \geqq 0$.

よって，$2x^2 \geqq 2\sin^2 x = 1-\cos 2x$ となるから，求める $c$ の範囲は

$$c \geqq 2 \qquad \cdots\cdots \text{答}$$

**解説または意見** 本問は易しくはない．数学的には $\cos x \geqq 1-\frac{1}{2}x^2$ という不等式が**題材**になっている(── $x$ を $2x$ とすればよい)．この知見からは，$c \geqq 2$，は当たりまえの事であったのだが．

受験生は，ふつう，$f(x)=\dfrac{\sin x}{x}$ $(x \neq 0)$ または $g(x)=\dfrac{\sin^2 x}{x^2}$ $(x \neq 0)$ として $f(x) \leqq 1$ または $g(x) \leqq 1$ を示そうとするであろう．前者の方はともかくとしても，後者の方は勧めれない(;──しかし，これは案外多かったであろう)．後者では，

$$g'(x)=\frac{2x^2 \sin x \cos x - 2x \sin^2 x}{x^4}$$

$$=\frac{x \sin 2x - 2\left(\dfrac{1-\cos x}{2}\right)}{x^3}=\frac{x \sin 2x + \cos 2x - 1}{x^3}$$

として延々と計算することになろうが，これは，本問の場合，**仮に時間無制限であっても悪手でしかない**．機械的計算の定石(──これは囲碁用語)に走るだけで，頭を使わない意味では楽ではあろうが，見苦しくもつらい計算をすることになる．大体，このスジの人間は完答などできないものである．

他方，グラフに頼ったやり方も幾通りか考えられるが，**中心課題に抵触する**ような図的考え方での**安易なやり方は避けなくてはならない**．

尚，本問の不等式は，“分数式”で表せば，$\dfrac{\sin^2 x}{x^2} \leqq 1$ となるものである．この $\dfrac{\sin^2 x}{x^2}$ という $x$ の関数は，初等物理では**光波の回折現象**等の記述で現れる．グラフの概形を提示しながら少し説明しておこう：

次頁の**上図**は，幅 $\overline{\mathrm{AB}}=a$ のスリットに波長 $\lambda$ の単色平面光波を当てたとき，回折光線**1**と**2**がスクリーン上で干渉縞を形成する

様子を表している．光線**1**と**2**の光路の差は $a\sin\theta \fallingdotseq a\theta$，従って位相の差は $\dfrac{2\pi a\theta}{\lambda}$ となる．(此処までは，高校物理を学習している人には周知であろう．) この位相の差によってスクリーン上の点Pの干渉縞の強度 $I$ が規約されるのである．$\dfrac{2\pi a\theta}{\lambda}=2x$ と置いて，それは

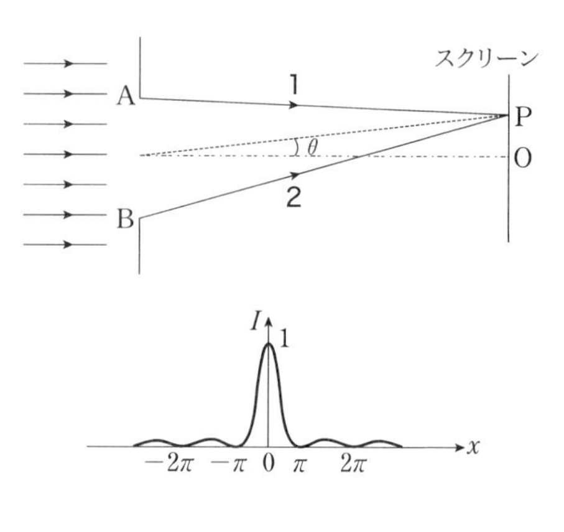


$$I=\begin{cases}\dfrac{\sin^2 x}{x^2} & (x \neq 0 \text{ のとき}) \\ 1 & (x=0 \text{ のとき})\end{cases}$$

と表される．スクリーン上の点Oにおける強度を (単位抜きで) 1とした．これをグラフで図示すれば**右下図**のようになる．(だから，点Oは最も明るくなる所になる．)

数学では，**素朴** (――これは「単純」とは別) なるものにこそ，**本当の意味での内容の豊富さがある**，という一例になっているといえよう．

*　　　　　　　　*

**三角関数**は微分積分法によって大きく成長した．それは，**世にも稀な美しい調和性** (harmony) **を奏**(かな)**でる自然な数学**なのであるが，それを公式だらけのつまらない人工的計算数学に堕さしめてきているのは，それを媒達してきた人間達なのである．

多くの人間が，「三角関数では多くの公式を覚え，そして次には公式の運用法を覚える」，と言い続けているのはそういう指導と試験をされてきているからである．

三角関数に限らず，数学における**公式**というものは**最少限のものでよいし，そうあるべきなのである**．その方が「数学」らしくもあり，また，多くの学習者にとってやり甲斐のあるものになるであろうに．

## 第三十五・第三十六番 勝負　小数の問題

「小数とは分数で表されるもの」とか「小数と分数はどちらの表記でも大して変わらない」，と思い込んでいる人が多いようだが，“算数領域”の人であろう．

小数の方が分数よりも大小比較がしやすくて見やすい面はあるが，事はそう単純ではない．**小数**は，小数点以下に数が無数に続くようなものなら，**必ずしも分数で表されるわけではない**だけに，扱いにくい面もある．それが，三角関数や対数関数に現れて，しばしば，難問の相を呈してくる．此の度の「**次の一手**」で扱う問題は，そういう類のものといえよう．

**【問題 1】**

(1) $\cos 3\theta = f(\cos\theta)$, $\cos 4\theta = g(\cos\theta)$ となる 3 次式 $f(x)$ と 4 次式 $g(x)$ を求めよ．

(2) $\alpha = \dfrac{2\pi}{7}$ とする． $\cos 3\alpha = \cos 4\alpha$ を示し，整数を係数にもつ 3 次式 $P(x)$ で $P(\cos\alpha) = 0$ となるものを 1 つ求めよ．

(3) $\cos\dfrac{2\pi}{7}$ の小数第一位の値を求めよ．

**《持ち時間・40 分》　大阪大(理)・平成 10(後)**

**解答過程**

(1) $\cos 3\theta = 4\cos^3\theta - 3\cos\theta$ で， $\cos\theta = x$ とおく．

$$\therefore\ f(x) = 4x^3 - 3x \qquad \cdots\cdots \text{答}$$

$$\begin{aligned}\cos 4\theta &= \cos(\theta+3\theta) = \cos\theta\cos 3\theta - \sin\theta\sin 3\theta \\ &= \cos\theta(4\cos^3\theta - 3\cos\theta) - \sin\theta(3\sin\theta - 4\sin^3\theta) \\ &= 4\cos^4\theta - 3\cos^2\theta - 3(1-\cos^2\theta) + 4(1-\cos^2\theta)^2 \\ &= 8\cos^4\theta - 8\cos^2\theta + 1.\end{aligned}$$

$$\therefore\ g(x) = 8x^4 - 8x^2 + 1$$ ……答

(2) $\cos 3\alpha = \cos\dfrac{6\pi}{7} = \cos\left(\pi - \dfrac{\pi}{7}\right)$

$$= -\cos\frac{\pi}{7} = \cos\left(\pi + \frac{\pi}{7}\right) = \cos\frac{8\pi}{7} = \cos 4\alpha.$$ ◀

このことと(1)の二つの**答**より

$4\cos^3\alpha - 3\cos\alpha = 8\cos^4\alpha - 8\cos^2\alpha + 1$，つまり，

$(\cos\alpha - 1)(8\cos^3\alpha + 4\cos^2\alpha - 4\cos\alpha - 1) = 0.$

$\cos\alpha \neq 1$ だから，$P(x)$ の一例は

$$P(x) = 8x^3 + 4x^2 - 4x - 1$$ ……答

**■局盤〈1〉** (3)からの解答をすることになる．$\cos\alpha = \cos\dfrac{2\pi}{7}$ は $P(x) = 0$ の一つの解なのだから，この3次方程式を解けばよい訳だが，それが易しくない．それゆえ，$\cos\dfrac{2\pi}{7}$ の小数第1位だけの値が問われている．**それなら，** $\cos\dfrac{2\pi}{7}$ は**小数による不等式で容易に評価できるもの**，というわけだから，巧い不等式評価が次の決め手となろう．では，その突破のための，巧い**次の一手**は？

**【問題 2】**

負でない実数 $a$ に対し，$0 \leqq r < 1$ で，$a - r$ が整数となる実数 $r$ を $\{a\}$ で表す．すなわち，$\{a\}$ は $a$ の**小数部分**を表す．

(1) $\{n\log_{10}2\} < 0.02$ となる正の整数 $n$ を1つ求めよ．

(2) 10進法による表示で $2^n$ の最高位の数字が7となる正の整数 $n$ を1つ求めよ．

ただし，　$0.3010 < \log_{10} 2 < 0.3011,\ 0.8450 < \log_{10} 7 < 0.8451$ である．

《持ち時間·25 分》　　　　　**京都大(理系)·平成 13(後)**

**解答過程**

(1)底の 10 を省略して，$0.3010 < \log 2 < 0.3011$ より

$3.010 < 10\log 2 < 3.011$，従って $0.010 < \{10\log 2\} < 0.011 < 0.02.$

よって，求める $n$ の一例は　$n = 10$　……答

(2) $k$ を自然数として，$7 \times 10^k \leqq 2^n < 8 \times 10^k$，つまり，

$$k + \log 7 \leqq n\log 2 < k + 3\log 2 \qquad \cdots\cdots ①$$

と，

$$n \times 0.3010 < n\log 2 < n \times 0.3011 \qquad \cdots\cdots ②$$

が成り立つような $k, n$ の例を求めるとよい．

**■局盤〈2〉**　ここまでは，問題の意味を記したに過ぎない．ここから，当てずっぽうにガチャガチャと計算に走るようでは解答はおぼつかない．問題は，①と②，及び $\log 2, \log 7$ の不等式から妥当な $n$ を絞り出してゆかねばならないのだから，できるだけ(意味のない)無駄を少なくして行く．それをどのようにやるか，その approach の仕方となる**次の一手**は？

**局盤〈1〉での次の一手：**

(3)　$\frac{\pi}{4} < \frac{2\pi}{7} < \frac{\pi}{3}$ だから，$\cos\frac{\pi}{4} = \frac{\sqrt{2}}{2} > \cos\frac{2\pi}{7} > \cos\frac{\pi}{3} = \frac{1}{2}$ となり，$0.5 < \cos\frac{2\pi}{7} < 0.71$ を得る．

そして，更に $0.5 < \mathbf{0.6},\ \mathbf{0.7} < 0.71$ に着目して

$$P(-0.5) = 1 > 0, \quad P(0.5) = -1 < 0\ ;$$

$$P(0.6)=P\left(\frac{3}{5}\right)=-\frac{29}{125}<0,\ P(0.7)=P\left(\frac{7}{10}\right)=\frac{113}{125}>0.$$

故に，$0.6<\cos\frac{2\pi}{7}<0.7$ となるから，$\cos\frac{2\pi}{7}$ の小数第 1 位の値は

6 ……答

解説または意見　(3) に対しては，$\frac{\pi}{4}<\frac{2\pi}{7}<\frac{\pi}{3}$ で第 1 のステップ，$0.5<0.6$ と $0.7<0.71$ で第 2 のステップを踏んで解いている点に留意されたい．第 2 のステップは，**どうすれば計算がやりやすくなるか，**という点も踏まえているのである．これを図示すれば，例えば，**右図**のようになる．

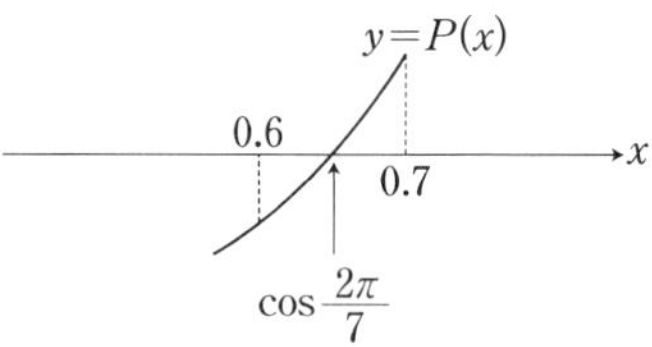


## 局盤〈2〉での次の一手：

①においては，与えられた数値不等式より

$$k+\log 7<\boldsymbol{k+0.8451}<n\log 2<\boldsymbol{k+0.9030}<k+3\log 2$$

**として**，そこで，②と併せて

$$0.\underset{\sim\sim}{845}<\{\boldsymbol{n}\log 2\}<0.903$$

となるような $n$ を推測することにすると，$n$ の簡単な候補は，1 桁目が 6 であるような 2 桁の数，となるだろう．

$n=16, 26, 36, 46, \cdots$ としてみれば，②の左辺の値は

$$16\times 0.3010=4.816,\quad 26\times 0.3010=7.826,$$

$$36\times 0.3010=10.836,\quad \boldsymbol{46}\times 0.3010=13.\underset{\sim\sim}{846}$$

となるので，$n=46$ を採る．このとき②は

$$13.8460<46\log 2<13.8506$$

となるから，(①における) $k$ は，$k=13$．求める $n$ の一例は

46 ……答

**解説または意見**　(2)の**答**は $n=56$ でもよい．暇な人はもう少し追求してみるのもよいだろう．ただ問題を解くだけなら，こんなものだが，「それではつまらない」という人の為に，"高校数学＋$\alpha$"を超える事も添えておこう．

$2^n$ を 10 進法で表したとき，その最高位の数を $h$ で表せば，$h$ は $n$ の変化に応じて 1 から 9 まで全ての値をとる．しかし，$h$ **の値が大きくなる程，**$n$ **の値は総計的に現れにくくなる．**実は，その**減少**の仕方の目安は $\log\left(1+\dfrac{1}{h}\right)$ である．（$h=8$ は早くも $n=3$ で現れるが．）

本問では $h=7$ であるから，**ただの当てずっぽうでは解くのが無理になっている**のも，そのためである．

*　　　　　　　　*

簡単に「**小数**」とはいうが，これがかなりの難物でもある，ということを少しでもおわかり頂けたであろうか．

数学では，**素朴に見えるものの方が複雑に見えるものより，本当は難しい**ことが多い，といえる更なる例になっている．

## 第三十七・第三十八番　数値評価

勝負

**円周率** $\pi$ や**自然対数の底** $e$ は四則算法や $n$ 乗根( $\sqrt[n]{\ }$ )だけの世界からは見出されない数である．数学の“よくできる”といわれる人間に,「円周率 $\pi=3.14\cdots$．あの得体の知れない左辺は，一体，何なのだ？」と質問すれば，まず,(「こんな事もわかっていないのか？」という，奇妙な顔つきで,)「それは，円周を直径で割ったものだ」と回答するものである．一方,「訊(き)いている事は，そんなことではない」と，質問者は失望の底に沈むものである．実際，そんな答え方なら，いくらでも出てくる：「$\pi$ は円の面積を半径の 2 乗で割ったものだ」,…，と．

此の度は，$\pi$ や $e$ について，その正体とまでは遠く及ばないが，それらにまつわる数の**数値評価**の問題を，入試過去問より 1 題，そして創作問題の 1 題で「**次の一手**」の対象とする．

**【問題 1】**

$n=1, 2, 3, \cdots$ に対して $a_n=\tan(11n)$ とおく．このとき，次の(1)〜(4)を示せ．ただし，$\pi=3.14159265\cdots$ は円周率である．

(1) $\dfrac{\pi}{711}<11-\dfrac{7\pi}{2}<\dfrac{\pi}{709}$.　　(2) $a_1<0<a_2$.

(3) $a_1, a_3, a_5, a_7, \cdots, a_{707}, a_{709}$ は増加数列である．

(4) 無限数列 $a_1, a_3, a_5, a_7, \cdots$ は増加数列ではない．

**《持ち時間・45 分》**　**東京工大・平成 13(後)**

**解答過程**

(1) $\left(\dfrac{7}{2}+\dfrac{1}{711}\right)\pi=\dfrac{4979}{1422}\pi$, $\left(\dfrac{7}{2}+\dfrac{1}{709}\right)\pi=\dfrac{4965}{1418}\pi$ なので，確かに

$$\pi < \frac{1422}{4979} \times 11 = 3.141594\cdots,$$

$$\pi > \frac{1418}{4965} \times 11 = 3.141591\cdots$$

となり，問題の不等式は成り立つ．◀

(2) (1)より

$$\frac{4979}{1422}\pi < 11 < \frac{4965}{1418}\pi \longleftrightarrow \frac{7}{2}\pi + \frac{1}{711}\pi < 11 < \frac{7}{2}\pi + \frac{1}{709}\pi.$$

よって，11 は第 4 象限の角と読み取れて $a_1 = \tan 11 < 0$ ．さらに，上式より

$$7\pi + \frac{2}{711}\pi < 22 < 7\pi + \frac{2}{709}\pi.$$

よって，22 は第 3 象限の角と読み取れて $a_2 = \tan 22 > 0$ ．◀

(3) $m = 1, 2, 3, \cdots, 354$ として，加法定理により

$$\begin{aligned} a_{2m+1} - a_{2m-1} &= \tan(11(2m+1)) - \tan(11(2m-1)) \\ &= (\tan 22)\{1 + \tan(11(2m+1))\tan(11(2m-1))\} = \cdots \end{aligned}$$

■**局盤〈1〉**　このようにする人は多いだろう．これでもできないわけでは勿論ないが，それだと，45 分の持ち時間ではつらいのでは？(既に(1)と(2)の算数で 10 分～ 20 分は使っているであろうから.)**ただ，**持ち駒の**道具を振り回すのではなく，**もう少し出題側の意図に沿うように，明快に事を決めなくては．では，その**手始めの一手**とは？

**【問題 2】**

自然対数の底 $e$ は

$$e = 1 + 1 + \frac{1}{2!} + \frac{1}{3!} + \cdots + \frac{1}{n!} + \cdots \quad (n \text{ は自然数})$$

で与えられるとして以下に答えよ．

(1) $e < 2.721$ であることを示せ．必要なら，$2^{n+3} < n!$ $(n \geqq 6)$ を用いてもよい．

(2) log は自然対数とする．不等式

$$\log(1+x) \leqq \frac{x}{\sqrt{1+x}} \quad (x \geqq 0)$$

が成り立つことを示せ．

(3) (1)および(2)の不等式を用いて，また，$2.721^{1/16} < 1.064561$ として，$e^{1/32}$ の値を小数点以下 4 桁まで正確に求めよ．（電卓は一切使用してはならない．）

**《持ち時間・70 分》**

**解答過程**

(1)
$$\frac{1}{2!}+\frac{1}{3!}+\frac{1}{4!}+\frac{1}{5!}+\left(\frac{1}{6!}+\frac{1}{7!}+\cdots\right)$$

$$<\frac{1}{2!}+\frac{1}{3!}+\frac{1}{4!}+\frac{1}{5!}+\left(\frac{1}{2^9}+\frac{1}{2^{10}}+\cdots\right)$$

$$=\frac{5\cdot4\cdot3+5\cdot4+5+1}{5\cdot4\cdot3\cdot2}+\frac{\frac{1}{2^9}}{1-\frac{1}{2}}$$

$$=\frac{43}{60}+\frac{1}{256}=0.720\cdots<0.721.$$

$$\therefore\ e<2.721.$$ ◀

(2) $f(x)=x-\sqrt{1+x}\log(1+x)\ (x \geqq 0)$ として

$$f'(x)=1-\frac{\log(1+x)}{2\sqrt{1+x}}-\frac{1}{\sqrt{1+x}}$$

$$=\frac{2\sqrt{1+x}-\log(1+x)-2}{2\sqrt{1+x}} \quad (x \geqq 0).$$

そこで，$g(x)=2\sqrt{1+x}-\log(1+x)-2\ (x \geqq 0)$ として

$$g'(x)=\frac{1}{\sqrt{1+x}}-\frac{1}{1+x} \geqq 0 \quad (x \geqq 0).$$

$g(0)=0$ なので，$g(x) \geqq 0$，従って $f'(x) \geqq 0\ (x \geqq 0)$．

$f(0)=0$ より

$$f(x)=x-\sqrt{1+x}\log(1+x) \geqq 0 \quad (x \geqq 0).$$ ◀

■**局盤〈2〉**　(2)までは，只解くだけなら，取り立てる程の困難はないであろう．問題は(3)である．(2)の不等式に，闇雲に数値を当てがうようでは始めから足元が浮いている．できるだけ**よい数値近以不等式**を構成するための $x$ のとり方が**次の一手**となる．

**局盤〈1〉での次の一手：**

(3) $m$ を(1 以上の)整数として，また，$11-\dfrac{7\pi}{2}=\varDelta\theta$ と表して

$$\begin{aligned}a_{2m-1}&=\tan(11(2m-1))=\tan\left(\left(\frac{7\pi}{2}+\varDelta\theta\right)(2m-1)\right)\\&=\tan\left((2m-1)\varDelta\theta+7m\pi-\frac{7}{2}\pi\right)\\&=\tan\left((2m-1)\varDelta\theta-\frac{\pi}{2}\right)=-\cot((2m-1)\varDelta\theta).\end{aligned}$$

$1\leqq m\leqq 355$ では，(1)より

$$\frac{\pi}{711}\leqq\frac{(2m-1)\pi}{711}<(2m-1)\varDelta\theta<\frac{(2m-1)\pi}{709}\leqq\pi.$$

$y=-\cot\theta$　$(0<\theta<\pi)$ は $y'=\mathrm{cosec}^2\theta>0$　$(0<\theta<\pi)$ を与えるので，増加関数．従って $\{a_{2m-1}\}$　$(1\leqq m\leqq 355)$ は増加数列．◀

(4) $m=356$ のとき，(3)の**解答**中より

$$a_{2m-1}=a_{711}=-\cot(711\varDelta\theta)<0$$

$$\left(\because\ (1)\text{における}\ \pi<711\varDelta\theta<\frac{711}{709}\pi\ \text{より}\right).$$

$a_{709}>0$ なので，$\{a_{2m-1}\}$　$(1\leqq m<\infty)$ は増加数列ではない．◀

**解説または意見**　得点差が現れるのは，(3)である．$\tan(\theta+n\pi)=\tan\theta$（$n$ は整数)，$\tan\left(\theta-\dfrac{\pi}{2}\right)=-\cot\theta$ によって，$a_{2m-1}=\tan(11(2m-1))$ は $\cot((2m-1)\varDelta\theta)$ で表されるということを

見抜くこと．$\cot\theta$ の扱いが苦手という人が多いと思われるが，$\sec\theta\left(=\dfrac{1}{\cos\theta}\right)$, $\operatorname{cosec}\theta\left(=\dfrac{1}{\sin\theta}\right)$ と併せて弱点なき様にされたい．

**局盤〈2〉での次の一手：**

(3) (2)の不等式で，$1+x=e^{1/16}$ として

$$\frac{1}{16}\leqq\frac{e^{1/16}-1}{e^{1/32}}.$$

上式で，$e^{1/32}=\alpha$ と置いて

$$16\alpha^2-\alpha-16\geqq 0\ \ (\alpha>1)\text{，故に }\alpha\geqq\frac{1+\sqrt{1+4^5}}{32}.$$

ここで，開平計算して

$$\sqrt{1+4^5}=\sqrt{1025}>32.01562\text{，故に}$$

$$\alpha>\frac{1+32.01562}{32}>1.03170.$$

また，与えられた数値より

$$\alpha<\sqrt{2.721^{1/16}}<\sqrt{1.064561}<1.03178.$$

$$\therefore\ 1.03170<\alpha<1.03178.$$

故に，$e^{1/32}$ は小数点以下第 4 位まで正確に 1.0317 ……**答**

**解説または意見** この問題を導入した目的は，指数法則のちょっとした理解度の確認と**数値最適評価**の視点をとらえれるかという点にある．例えば，

$\sqrt{e^{1/16}}=e^{1/32}$ であること，そして $1+x=e^{1/16}$ と置くこと

という素直な精密評価をすることができるか否かを試みたのである(素直ながら，後者は機械的にできることではない：“素直な問題＝機械的に解ける問題”，というような**混同をしないこと**.)

**開平計算**は少し煩わしいが，しかし，計算力は，数学では最低限必要なもの故，怠るべきではない．(**その分，落ち着いて計算をさせる**

**ために持ち時間を 70 分にした**のである.)

ところで,(1)の不等式は

$$x-1 \geqq \sqrt{x}\log x$$

と同じものである.(これまでの)**拙著**を読んでいる人は,この**不等式**には 2, 3 度お目にかかっているだろうし,**これがどのようにして見出されたものなのか**も存じておられよう.此の度は,**その不等式の威力**を,数値評価の一問題で,垣間,御覧に入れたわけである.

*　　　　　*

既述のように,$e$ は次のように級数表示される:

$$e=1+1+\frac{1}{2!}+\frac{1}{3!}+\cdots+\frac{1}{n!}+\cdots.$$

逆に右辺で定義される $e$ ,それが無理数である事は容易に示される.

また,$\pi$ は

$$\frac{\pi}{4}=1-\frac{1}{3}+\frac{1}{5}-\frac{1}{7}+\cdots+(-1)^{n-1}\cdot\frac{1}{2n-1}+\cdots$$

と,級数で表される事は,**ライプニッツ**とイギリスの数学者**グレゴリー**によって,17 世紀に,独立に見出されている.これは,しかし,$\pi$ の値を求めるにはあまり適さない.その値を求める為に非常によく適した表示は

$$\begin{aligned}\frac{\pi}{4}&=4\tan^{-1}\frac{1}{5}-\tan^{-1}\frac{1}{239}\\&=4\left(\frac{1}{5}-\frac{1}{3\cdot5^3}+\frac{1}{5\cdot5^5}-\cdots\right)-\left(\frac{1}{239}-\frac{1}{3\cdot239^3}+\frac{1}{5\cdot239^5}-\cdots\right)\end{aligned}$$

であって,これは,イギリスの数学者**マチン**によって 18 世紀前半に見出されたものである.

$\pi$ は,勿論,無理数である.より厳密には,$e$ も $\pi$ も**超越数**といわれるものである.一般に超越数の判定問題は難しい.(此の様な意味での「難しい」は,試験等の意味での“難しい”とは,勿論,全然別.)$\pi\pm e$ のような数ですら,「超越数であろう」と予想されても,その成否と証明となれば,**解析数論**等の研究成果に拠らねばならない.

「**数学の道**」は実に険しくて高い(∞).初等数学であっても未解決問

題となれば，(既成の)“解法の型”などというものは**通用しなくなる**．そのような世界へ行けばゆくほど，入試や様々の伝統的試験等のように20分～60分程で解けるような問題など，**ただの一題も無い**からである．しかし，それが，(本当の)「**数学の世界**」である以上，その道を希望する人はどれ程の覚悟をもってゆかねばならないか，ぐらいのことは推して知るべしであろう．

第三十九・第四十番

勝負

# 円と多角形

**平面幾何**の問題では，**円**と**多角形**が出題頻度の高いものである．此処では，**図形上**及び**命題上の着眼点が試みられるような問題**を扱ってみる．（再三，念の為に：「**次の一手**」とはいうものの，読者は，**最初は，解答を一切見ないで解く**べきである，と．）

**【問題 1】**

$AB=10,\ BC=9,\ AC=8$ である三角形 ABC がある．$\angle A$ の二等分線が辺 BC と交わる点を D，直線 AD と三角形 ABC の外接円との A 以外の交点を E とする．

(1) $AD\cdot DE$ の値を求めよ．　　(2) $BE\cdot CE$ の値を求めよ．

**和歌山大・平成 12**

**解答過程**

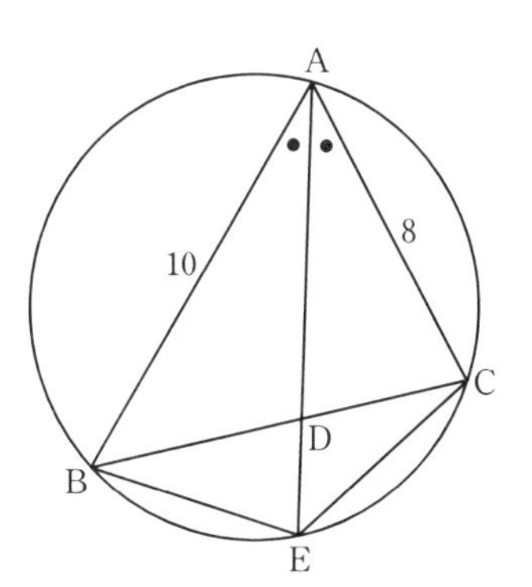


(1) 直線 AD は $\angle A$ の二等分線なので

$$BD:DC=10:8. \quad \cdots\cdots①$$

そして

$$BD+DC=BC=9. \quad \cdots\cdots②$$

①と②より $BD=5,\ CD=4$．方べきの定理で

$$AD\cdot DE=BD\cdot DC=20 \quad \cdots\cdots \text{答}$$

(2) 仮定と円周角に関する定理によって

$$\angle EAB=\angle ECB=\angle CAE=\angle CBE$$

であるから，△ECB は二等辺三角形で EC = BE となる．従って $\mathrm{BE}^2$ を求めるとよい．

■**局盤〈1〉** (1)の結果が，これ以降でうまく合流するようにしたい．その為の**手始めの一手**は？

**【問題 2】**

半径 1 の円に内接する正 $2n$ 角形（$n$ は 3 以上の整数）の頂点を順に $\mathrm{P}_0, \mathrm{P}_1, \mathrm{P}_2, \cdots, \mathrm{P}_{2n-1}$ で表す．二つの三角形 $\triangle\mathrm{P}_{n-1}\mathrm{P}_n\mathrm{P}_{2n-k}$ と $\triangle\mathrm{P}_n\mathrm{P}_{n+1}\mathrm{P}_k$（$k$ は整数で $1 \leqq k \leqq n-1$）との共通部分の面積を $S_k$ とする．

(1) $\triangle\mathrm{P}_{n-1}\mathrm{P}_n\mathrm{P}_{n+1}$ の面積を求めよ．

(2) (1)における三角形の面積と $S_k$（$k$ は $1 \leqq k \leqq n-1$ なる任意の整数）が等しくなるような正 $2n$ 角形をすべて求めよ．

**《持ち時間・60 分》**

**解答過程**

(1) 円の中心を O とし，線分 $\mathrm{P}_{n-1}\mathrm{P}_{n+1}$ と $\mathrm{OP}_n$ との交点を H とする．

$$\mathrm{OH} = \cos\frac{\pi}{n},\quad \mathrm{P}_{n-1}\mathrm{H} = \sin\frac{\pi}{n}.$$

$$\therefore\ \triangle\mathrm{P}_{n-1}\mathrm{P}_n\mathrm{P}_{n+1} = 2\triangle\mathrm{P}_{n-1}\mathrm{P}_n\mathrm{H} = \sin\frac{\pi}{n}\left(1-\cos\frac{\pi}{n}\right) \quad \cdots\cdots \text{答}$$

(2) 図のように座標軸を設ける：

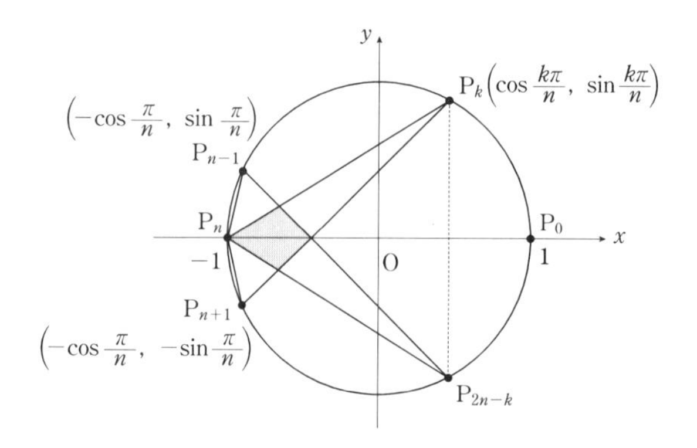

(直線) $P_nP_k$ の方程式は

$$y=\frac{\sin\frac{k\pi}{n}}{1+\cos\frac{k\pi}{n}}(x+1).$$

$P_{n-1}P_{2n-k}$ の方程式は

$$\begin{aligned}y&=-\frac{\sin\frac{k\pi}{n}+\sin\frac{\pi}{n}}{\cos\frac{k\pi}{n}+\cos\frac{\pi}{n}}\left(x+\cos\frac{\pi}{n}\right)+\sin\frac{\pi}{n}\\&=-\frac{\sin\frac{k+1}{2n}\pi}{\cos\frac{k+1}{2n}\pi}\left(x+\cos\frac{\pi}{n}\right)+\sin\frac{\pi}{n}.\end{aligned}$$

直線 $P_nP_k$ と $P_{n-1}P_{2n-k}$ の交点の $y$ 座標を求める．これは，若干の計算の後で

$$y=\frac{\sin\frac{\pi}{2n}\sin\frac{k\pi}{n}}{\sin\frac{2k+1}{2n}\pi}$$

となる．また，$P_{n-1}P_{2n-k}$ と $x$ 軸との交点の $x$ 座標は

$$x=-\frac{\sin\frac{k-1}{2n}\pi}{\sin\frac{k+1}{2n}\pi}.$$

よって

$$\begin{aligned}S_k&=\left(1-\frac{\sin\frac{k-1}{2n}\pi}{\sin\frac{k+1}{2n}\pi}\right)\frac{\sin\frac{\pi}{2n}\sin\frac{k\pi}{n}}{\sin\frac{2k+1}{2n}\pi}\\&=2\left(\sin\frac{\pi}{2n}\right)^2\cdot\frac{\cos\frac{k\pi}{2n}\sin\frac{k\pi}{n}}{\sin\frac{k+1}{2n}\pi\sin\frac{2k+1}{2n}\pi}.\end{aligned}$$

■**局盤〈2〉**　受験生ならば，ここまででも導けたらかなりの**計算力**である．これ以降の終盤で動きがとれなくなる可能性が高い．そこをサラリと clear する**寄せの一手**は？

**局盤〈1〉での次の一手：**

いま，$\triangle BED \backsim \triangle ACD$ なので，

$BE:ED = AC:CD$（ここに $AC = 8$, $CD = 4$．$CD = 4$ は(1)で導出されている）．

$$\therefore\ ED = \frac{1}{2}BE. \qquad \cdots\cdots ③$$

さらに，$\triangle BED \backsim \triangle AEB$ でもあるから，

$$BE:ED = AE:EB \longleftrightarrow BE^2 = AE \cdot ED. \qquad \cdots\cdots ④$$

一方，(1)の結果の $AD = \dfrac{20}{DE}$ を $AE = AD + DE$ に代入して

$$AE \cdot DE = 20 + DE^2$$

を得る．この式に③と④を適宜代入して

$$BE^2 = \frac{1}{4}BE^2 + 20. \qquad \therefore\ BE^2 = BE \cdot CE = \frac{80}{3} \qquad \cdots\cdots 答$$

解説または意見　本問をその設問順に解くのは易しくはないだろう．「**次の一手**」の後，(1)の結果を用いて最後を決めるのは易しい**詰め将棋**．

設問(2)は，(1)**の結果を使わないで解くなら**，頭を使う程の事はない：

余弦定理によって

$BC^2 = AB^2 + AC^2 - 2AB \cdot AC\cos\angle A$（$\angle A = \angle CAB$ である）．

与えられた数値を代入して

$$9^2 = 10^2 + 8^2 - 2 \times 10 \times 8\cos\angle A \longleftrightarrow \cos\angle A = \frac{83}{160}. \qquad \cdots\cdots ㋐$$

再び余弦定理を用いて

$$BC^2 = BE^2 + CE^2 - 2BE \cdot CE\cos(180^\circ - \angle A).$$

与えられた数値を代入して，そして $CE = BE$ だから

$$9^2 = 2BE^2(1 + \cos\angle A). \qquad \cdots\cdots ㋑$$

㋐と㋑より $\cos\angle A$ を消去して $BE^2$ を求めるとよい： $BE^2=\frac{80}{3}$.

前の**解答**では，図形の性質と比例計算のみで解いているが，この後の**解答**は，「余弦定理」という**道具を振り回してのもの**である．「**数学青少年」は前のような解答をするべきである．**

**局盤〈2〉での次の一手：**

> $S_k$ は $k$ によらず一定値をとらねばならないのだから， $S_1=S_2$ が成り立たなくてはならない．

つまり，

$$\frac{\cos\frac{\pi}{2n}}{\sin\frac{3\pi}{2n}}=\frac{\cos\frac{\pi}{n}\sin\frac{2\pi}{n}}{\sin\frac{3\pi}{2n}\sin\frac{5\pi}{2n}}$$

$$\longleftrightarrow \sin\frac{5\pi}{2n}\cos\frac{\pi}{2n}=\cos\frac{\pi}{n}\sin\frac{2\pi}{n}$$

$$\longleftrightarrow \frac{1}{2}\left(\sin\frac{3\pi}{n}+\sin\frac{2\pi}{n}\right)=\frac{1}{2}\left(\sin\frac{3\pi}{n}+\sin\frac{\pi}{n}\right)$$

$$\longleftrightarrow \sin\frac{2\pi}{n}-\sin\frac{\pi}{n}=0$$

$$\longleftrightarrow 2\cos\frac{3\pi}{2n}\sin\frac{\pi}{2n}=0.$$

$\sin\frac{\pi}{2n}\neq 0$ $(n\geqq 3)$ なので， $\cos\frac{3\pi}{2n}=0$ $(n\geqq 3)$．

$$\therefore\ \frac{3\pi}{2n}=(2m+1)\frac{\pi}{2}\quad (m=0,1,\cdots \text{のどれか}).$$

$$\therefore\ n=\frac{3}{2m+1}$$，$n$ は 3 以上の整数だから $m=0$ に限る．

$$\therefore\ n=3.$$

**逆に，** $n=3$ ならば， $k=1,2$ に限るが，このとき $S_1(=S_2)$ は，$\triangle P_2P_3P_4$ の面積に等しいことは容易に確認される．

よって求める正 $2n$ 角形は

正六角形のみ ……**答**

**解説または意見** 創作問題である．設問(2)において，「…をすべて求めよ」となっているが，“すべて”と断らなくとも，「**すべてを求める**」のが当然である．例えば，「2次方程式 $x^2-3x+2=0$ の解を求めよ」と問われたとき，「“すべて”という断りがないから， $x=1$ である」，とはしまい．いまは，偶々（たま），答が一つに決まっただけのこと．

さて，(2)では，(1)に気を取られ過ぎない方がよい．つまり， $S_k$ を求めたとしても取り立てて $\triangle \mathrm{P}_{n-1}\mathrm{P}_n\mathrm{P}_{n+1}=S_k$ **とする必要がない**ということである．そのような等式にして，右往左往でもて余しているようでは頭が少々固い．**題意を柔軟に把握すること．**（それとも， $S_k$ を求める前に沈没か？）

なお，本問は，正多角形の内でも**正六角形の対称度が最も高い**という事を，**面積の立場から評価した**，という意味をもっているのである．

## 第四十一・第四十二番 勝負　三角関数と図形

**三角関数**は，これ単独の出題としては，かつてより少なくなっているようである．大抵は，**図形と融合させて問題に意味をもたせる**傾向になってきている．いずれにせよ，かなりの計算力が要求されてはくるが，最も大切なことは，やはり，**着眼力**なのであって，**それが弱ければ，もて余したり，解けないというような問題は幾らでもある．**此処では，そのような類の問題を少し扱ってみるこにする．

**【問題 1】**

原点を中心とする半径 1 の円が座標平面上にある．この円に内接する正三角形を原点を中心に回転させるとき，この正三角形の第 1 象限にある部分の面積の最小値と最大値を求めよ．

**《持ち時間・30 分》　岡山大(理系)・平成 13(前)**

**解答過程**

半径 1 の円に内接する正三角形の一辺の長さ $a$ は

$$\frac{a}{\sin 60^\circ} = 2 \quad より \quad a = \sqrt{3}\,.$$

(図を描いて，正三角形を回すと，……)

**■局盤〈1〉**　持ち時間は 30 分．急(せ)いては事を仕損じやすいが，急かずにはいれない．しかし，落ち着いて，どういう図を描けばサラリと 30 分以内で片付けれるかと案をめぐらすこと．**出題者の勘案していた解答**への**その一手**は？

**【問題 2】**

$n$ は 3 以上の整数，$k$ は整数で $1 \leqq k \leqq n-1$ とする．そして

$$f_n(k)=\frac{\cos\dfrac{k}{2n}\pi\sin\dfrac{2k}{2n}\pi}{\sin\dfrac{k+1}{2n}\pi\sin\dfrac{2k+1}{2n}\pi}$$

とする．

(1) $f_n(1) \geqq f_n(n-1)$ であることを示せ．

(2) $f_n(k)$ $(1 \leqq k \leqq n-1)$ の最大値は $f_n(1)$，最小値は $f_n(n-1)$ であるといえるか．論述せよ．

**《持ち時間・120 分》**

**解答過程**

(1) $f_n(1)=\dfrac{\cos\dfrac{\pi}{2n}}{\sin\dfrac{3\pi}{2n}}, f_n(n-1)=\sin\dfrac{\pi}{n}$ なので，

$f_n(1) \geqq f_n(n-1)$ を示すには，$\cos\dfrac{\pi}{2n}-\sin\dfrac{\pi}{n}\sin\dfrac{3\pi}{2n} \geqq 0$ を示せばよい：

$$\cos\frac{\pi}{2n}-\sin\frac{\pi}{n}\sin\frac{3\pi}{2n}=\cos\frac{\pi}{2n}+\frac{1}{2}\left(\cos\frac{5\pi}{2n}-\cos\frac{\pi}{2n}\right)$$

$$=\frac{1}{2}\left(\cos\frac{\pi}{2n}+\cos\frac{5\pi}{2n}\right)=\cos\frac{3\pi}{2n}\cos\frac{\pi}{n} \geqq 0 \ (\because\ n \geqq 3 \text{ より}).$$ ◀

(2) $f_n(1)$ が問題の**最大値ならば，**

$$g_n(k)=\cos\frac{\pi}{2n}\sin\frac{k+1}{2n}\pi\sin\frac{2k+1}{2n}\pi$$
$$-\sin\frac{3\pi}{2n}\cos\frac{k\pi}{2n}\sin\frac{k\pi}{n} \geqq 0$$

でなくてはならないが，…？？…？

**■局盤〈2〉　直観力**と**洞察力**に重点が置かれた三角関数の**全く**斬新な出題．上記の手順で (2) を解けたなら，数学の解答力では**無敵**と思って間違いない．少なくとも $n$ に条件が付けば（──付かないかもしれな

いが)，上の**解答過程**は正しい路線と予想されよう．では，**その手始めの一手**は？

**局盤〈1〉での次の一手：**

問題における第１象限での図は三角形か四角形しかないので，以下の２通りの**図**が描ける：

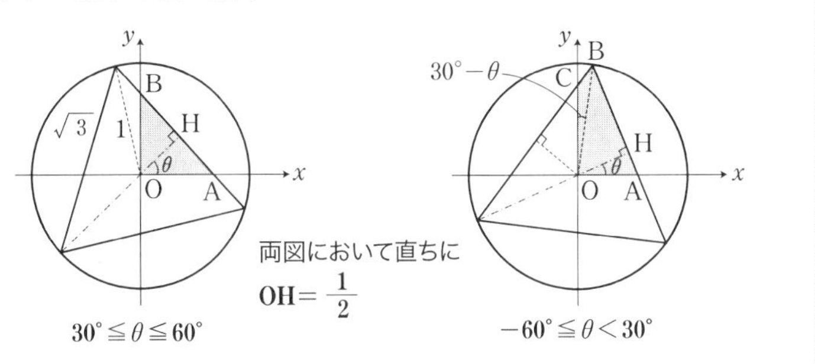


**左図**( $30^\circ \leqq \theta \leqq 60^\circ$ )**のとき**

三角形OABの面積を $S(\theta)$ とする． $\mathrm{AH}=\dfrac{1}{2}\tan\theta,\ \mathrm{HB}=\dfrac{1}{2}\cot\theta$ なので，

$$S(\theta)=\frac{1}{2}\cdot\frac{1}{2}\cdot\frac{1}{2}(\tan\theta+\cot\theta)=\frac{1}{4\sin 2\theta}\quad(30^\circ \leqq \theta \leqq 60^\circ).$$

$$\therefore\ \frac{1}{4}\leqq S(\theta)\leqq\frac{1}{2\sqrt{3}}.$$

**右図**( $-60^\circ \leqq \theta < 30^\circ$ )**のとき**

四角形OABCの面積を $T(\theta)$ とする． $\mathrm{AH}=\dfrac{1}{2}\tan\theta,\ \mathrm{HB}=\dfrac{\sqrt{3}}{2},$ $\mathrm{CO}=\dfrac{1}{2}\sec(\theta+30^\circ)$ なので，

$$\begin{aligned}T(\theta)&=\triangle\mathrm{OAH}+\triangle\mathrm{OHB}+\triangle\mathrm{OBC}\\&=\frac{1}{8}\tan\theta+\frac{\sqrt{3}}{8}+\frac{\sin(30^\circ-\theta)}{4\cos(30^\circ+\theta)}\end{aligned}$$

$$=\frac{1}{8}\tan\theta+\frac{\sqrt{3}}{8}+\frac{\cos\theta-\sqrt{3}\sin\theta}{4(\sqrt{3}\cos\theta-\sin\theta)}$$
$$=\frac{1}{8}\tan\theta+\frac{\sqrt{3}}{8}+\frac{1-\sqrt{3}\tan\theta}{4(\sqrt{3}-\tan\theta)}.$$

$\tan\theta=t$ と置き，$T(\theta)$ を $f(t)$ $\left(-\sqrt{3}\leqq t<\frac{1}{\sqrt{3}}\right)$ と表すと，

$$f(t)=\frac{t}{8}+\frac{\sqrt{3}t-1}{4(t-\sqrt{3})}+\frac{\sqrt{3}}{8}$$
$$=\frac{t}{8}+\frac{1}{2(t-\sqrt{3})}+\frac{3\sqrt{3}}{8}$$
$$=-\left(\frac{|t-\sqrt{3}|}{8}+\frac{1}{2|t-\sqrt{3}|}\right)+\frac{\sqrt{3}}{2}.$$

$|t-\sqrt{3}|=u$ と置いて，$g(u)=\frac{u}{8}+\frac{1}{2u}$ $\left(\frac{2}{\sqrt{3}}<u\leqq 2\sqrt{3}\right)$ の最小値と最大値を求める：

$$g'(u)=\frac{(u-2)(u+2)}{8u^2}$$

なので，右のような増減表ができて

| $u$ | $\frac{2}{\sqrt{3}}$ | | $2$ | | $2\sqrt{3}$ |
|---|---|---|---|---|---|
| $g'(u)$ | | - | $0$ | + | |
| $g(u)$ | $\frac{1}{\sqrt{3}}$ | ↘ | $\frac{1}{2}$ | ↗ | $\frac{1}{\sqrt{3}}$ |

$$\frac{1}{2}\leqq g(u)\leqq\frac{1}{\sqrt{3}}.$$

$$\therefore\ \frac{1}{2\sqrt{3}}\leqq T(\theta)\leqq\frac{\sqrt{3}-1}{2}.$$

$\therefore$ 最小値は $\frac{1}{4}$　($\theta=45^\circ$ のとき)

　 最大値は $\frac{\sqrt{3}-1}{2}$　($\tan\theta=\sqrt{3}-2$ のとき)　……**答**

**解説または意見**　**解答**における $u$ の範囲であるが，これは，$-2\sqrt{3}\leqq t-\sqrt{3}<-\frac{2}{\sqrt{3}}$ なので，$\frac{2}{\sqrt{3}}<|t-\sqrt{3}|\leqq 2\sqrt{3}$ となるからである．なお，最大値を与える $\theta$ は $-15^\circ$ だが，**答**のようにしてよい．

この問題はおもしろいもので，多分，過去に同一問題らしきものは出題されていないのではなかろうか．しかも，ちょっとした**幾何的直観力**が要求されるので，試験では決定的点差はつかなかったと推定される．（というのは，此処の**解答**で 30 分ギリギリであったから．）

**局盤〈2〉での次の一手：**

$g_3(1)=g_3(2)=0$ なので，以下では $n \geqq 4$ とする．また，$g_n(1)=0$ でもあるので $k \geqq 2$ とする．

**i**）$0<\dfrac{2k+1}{2n}\pi \leqq \dfrac{\pi}{2}$（従って $2 \leqq k \leqq \dfrac{n-1}{2}$）のとき

$\sin\theta, \cos\theta$ は $0<\theta \leqq \dfrac{\pi}{2}$ でそれぞれ単調増加，単調減少である事に留意して

$$\cos\frac{\pi}{2n} > \cos\frac{k}{2n}\pi,\ \sin\frac{k+1}{2n}\pi \geqq \sin\frac{3}{2n}\pi,$$
$$\sin\frac{2k+1}{2n}\pi > \sin\frac{k}{n}\pi.$$

ただし，$n=4$ の場合で $k=2$ のときは別扱いとなるので，ここに $g_4(2) \geqq 0$ を示す：

$$g_4(2)=\cos\frac{\pi}{8}\sin\frac{3\pi}{8}\sin\frac{5\pi}{8}-\frac{1}{\sqrt{2}}\sin\frac{3\pi}{8}$$
$$=\frac{\sqrt{2}-1}{2\sqrt{2}}\cos\frac{\pi}{8}>0.$$
$$\therefore\quad g_n(k)>0\quad \left(2 \leqq k \leqq \frac{n-1}{2},\ n \geqq 4\right).$$

**ii**）$\dfrac{\pi}{2}<\dfrac{2k+1}{2n}\pi<\pi$（従って $\dfrac{n}{2} \leqq k \leqq n-1$）のとき

$1-\dfrac{k}{n}=\dfrac{\ell}{n}$ とおくと $\dfrac{n}{2} \geqq \ell \geqq 1$ であり，また，

$g_n(k)$ を $h_n(\ell)$ と表せば，

$$\boldsymbol{h_n(\ell)}=\cos\frac{\pi}{2n}\cos\frac{\ell-1}{2n}\pi\sin\frac{2\ell-1}{2n}\pi$$

$$-\sin\frac{3\pi}{2n}\sin\frac{\ell}{2n}\pi\sin\frac{\ell}{n}\pi \quad \left(\frac{n}{2}\geqq \ell \geqq 1,\ n\geqq 4\right).$$

先ず，$h_n(1)\geqq 0$ $(n\geqq 4)$ を示す：

$$\begin{aligned} h_n(1) &= \cos\frac{\pi}{2n}\sin\frac{\pi}{2n}-\sin\frac{3\pi}{2n}\sin\frac{\pi}{2n}\sin\frac{\pi}{n} \\ &= \left(\cos\frac{\pi}{2n}-\sin\frac{3\pi}{2n}\sin\frac{\pi}{n}\right)\sin\frac{\pi}{2n} \\ &= \left(\cos\frac{\pi}{2n}+\frac{1}{2}\cos\frac{5\pi}{2n}-\frac{1}{2}\cos\frac{\pi}{2n}\right)\sin\frac{\pi}{2n} \\ &= \frac{1}{2}\left(\cos\frac{\pi}{2n}+\cos\frac{5\pi}{2n}\right)\sin\frac{\pi}{2n} \\ &= \cos\frac{3\pi}{2n}\cos\frac{\pi}{n}\sin\frac{\pi}{2n}>0 \quad (n\geqq 4). \end{aligned}$$

次に，$h_n(\ell)\geqq 0$ $\left(\frac{n}{2}\geqq \ell \geqq 2,\ n\geqq 4\right)$ を示す：

$\sin\frac{2\ell-1}{2n}\pi \geqq \sin\frac{3\pi}{2n}$ は明らか． そこで $\cos\frac{\pi}{2n}\cos\frac{\ell-1}{2n}\pi \geqq \sin\frac{\ell}{2n}\pi\sin\frac{\ell}{n}\pi$ $\left(2\leqq \ell \leqq \frac{n}{2}\right)$ を示す．

$$\begin{aligned} &\cos\frac{\pi}{2n}\cos\frac{\ell-1}{2n}\pi-\sin\frac{\ell}{2n}\pi\sin\frac{\ell}{n}\pi \\ &= \frac{1}{2}\cos\frac{\ell}{2n}\pi+\frac{1}{2}\cos\frac{\ell-2}{2n}\pi+\frac{1}{2}\cos\frac{3\ell}{2n}\pi-\frac{1}{2}\cos\frac{\ell}{2n}\pi \\ &= \cos\frac{2\ell-1}{2n}\pi\cos\frac{\ell+1}{2n}\pi. \end{aligned}$$

ここで $0<\frac{2\ell-1}{2n}\pi<\frac{\pi}{2},\ 0<\frac{\ell+1}{2n}\pi<\frac{\pi}{2}$ なので，上式は正の値．

$$\therefore\ h_n(\ell)\geqq 0 \quad \left(\frac{n}{2}\geqq \ell \geqq 1,\ n\geqq 4\right).$$

**i**）と **ii**）より「$f_n(k)$ $(1\leqq k\leqq n-1)$ の**最大値**は $f_n(1)$ である」といえる．（**結論**）

$f_n(n-1)$ が問題の**最小値ならば，**

$$G_n(k)=\cos\frac{k}{2n}\pi\sin\frac{k}{n}\pi-\sin\frac{\pi}{n}\sin\frac{k+1}{2n}\pi\sin\frac{2k+1}{2n}\pi\geqq 0$$

$$(1\leqq k\leqq n-1,\ n\geqq 3)$$

でなくてはならない.

**i)'** $0<\frac{2k+1}{2n}\pi\leqq\frac{\pi}{2}$ (従って $1\leqq k\leqq\frac{n-1}{2}$ )のとき

$$\sin\frac{k}{n}\pi\geqq\sin\frac{\boldsymbol{\pi}}{\boldsymbol{n}}\geqq\sin\frac{\boldsymbol{\pi}}{\boldsymbol{n}}\sin\frac{\boldsymbol{2k+1}}{\boldsymbol{2n}}\boldsymbol{\pi}.$$

一方,

$$\left(\cos\frac{k}{2n}\pi\right)^2-\left(\sin\frac{k+1}{2n}\pi\right)^2=\frac{1+\cos\frac{k}{n}\pi}{2}-\frac{1-\cos\frac{k+1}{n}\pi}{2}$$

$$=\frac{1}{2}\cos\frac{k}{n}\pi+\frac{1}{2}\cos\frac{k+1}{n}\pi$$

$$=\cos\frac{2k+1}{2n}\pi\cos\frac{\pi}{2n}\geqq 0.$$

$$\therefore\quad G_n(k)\geqq 0\quad\left(1\leqq k\leqq\frac{n-1}{2},\ n\geqq 3\right).$$

**ii)'** $\frac{\pi}{2}<\frac{2k+1}{2n}\pi<\pi$ (従って $\frac{n}{2}\leqq k\leqq n-1$ )のとき

$n-k=\ell$ とおくと $\frac{n}{2}\geqq\ell\geqq 1$ であり, また, $G_n(k)$ を $H_n(\ell)$ と表せば,

$$\boldsymbol{H_n(\ell)}=\sin\frac{\ell}{2n}\pi\sin\frac{\ell}{n}\pi$$

$$-\sin\frac{\pi}{n}\cos\frac{\ell-1}{2n}\pi\sin\frac{2\ell-1}{2n}\pi\quad\left(\frac{n}{2}\geqq\ell\geqq 1,\ n\geqq 3\right).$$

ここで

$$\sin\frac{\ell}{n}\pi>\sin\frac{2\ell-1}{2n}\pi,$$

$$\sin\frac{\ell}{2n}\pi\geqq\sin\frac{\boldsymbol{\ell-1}}{\boldsymbol{2n}}\boldsymbol{\pi}\geqq\sin\frac{\boldsymbol{\ell-1}}{\boldsymbol{2n}}\boldsymbol{\pi}\sin\frac{\boldsymbol{\pi}}{\boldsymbol{n}}.$$

$$\therefore\quad H_n(\ell)\geqq 0\quad\left(\frac{n}{2}\geqq\ell\geqq 1,\ n\geqq 3\right).$$

**i)'** と **ii)'** より「 $f_n(k)$ $(1\leqq k\leqq n-1)$ の**最小値**は $f_n(n-1)$ である」といえる. **(結論)**

**解説または意見** 「**次の一手**」の, **i** )の箇所は**序盤の崩しの一手**,

ⅱ）は**中盤の寄せの妙手**；ⅰ）' は**後盤の絶妙手**，ⅱ）' は**終盤の妙手**，と（数式が複雑だけに）攻めにかなりの**着眼上の変則性**があるので，頭脳の柔軟性が要求される．

本問は，**第四十番勝負**（**円と多角形**）の続編問題である．その時は，ただ要領のよい計算力さえあれば処理できても，今度はそうはゆかない．本当に**着眼力**を有しているかどうかの試金石となるような問題だからである．その為に，持ち時間を2時間にしたのである．（3時間でもよかったが，2時間考えてもできないなら，時間の無駄になる可能性が高いので，ほどほどの時間であろう．**解答**を見てしまえばそれまでだが．）設問(2)の難しさは，一直線の計算や既成の解法に**乗らない**処にある．**最大値の方だけでも**，いきなり，和と積の変形公式やら微分法やらの計算道具に頼ろうとしたところでどうにもできまいし，それどころか反って収拾がつかなくなるだけであろう．従って，これだけでも**解けたなら大立派**である．（本問は**最小値の方がずっと難しいが．**）

とにかく，**数式が少し長くなるや目が回って処理できなくなる，というのでは困る**ので，前後の脈絡をきちんと捉えれるように頑張っていただきたい．

さて，問作の着想の源であるが，これは前でも述べていないので，ここで解説しよう．それは，「**雪の結晶**」にある．「**雪結晶の多くが正六角形状にになるのはどうしてか？**」（正三角形状あるいは正方形状や正八角形状等でもよさそうではないか？）

$f_n(1)=f_n(n-1)$ となる条件は，前に問題とした（円に内接する）正 $2n$ 角形内のある部分の面積が全て等しくなるような $n$ は，$n=3$，つまり，正六角形の場合に限る，というものである．正六角形は中心から各頂点までの長さと各辺の長さが等しい．この性質は，正方形には勿論のこと，たとい正三角形であってもない．この**唯一の美しい個性**が $f_3(1)=f_3(2)$ **に反映してくる**のである．そして，その事は，正六角形板の**質量分布のバランスのよさに結びつく**訳である．これは，「雪結晶には正六角形状が多い」という事への**数学的新見解**である．雪結晶は，ふつう，上空にある過飽和状態の霧滴が凝結する際に放出された微粒子(──火山灰等が含まれている)を**氷晶核**として，緩い凝集的引力によって形成される為に，円(球)形にはなりにくい．また，六角形状以外の結晶もあるが，それらは，大気の温度･湿度や断熱変化等に起因するゆらぎによるものと考えられる．

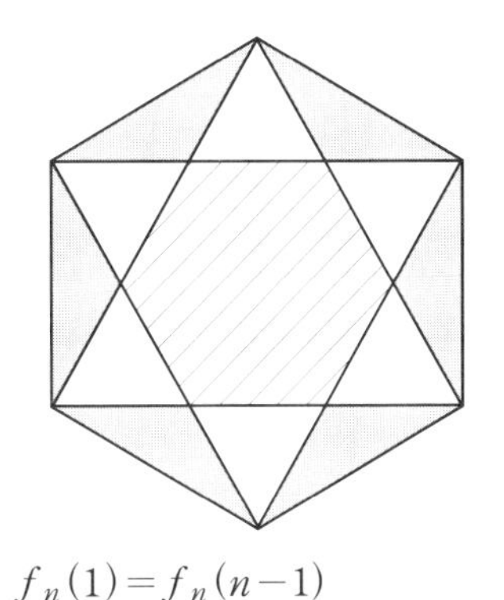

$f_n(1)=f_n(n-1)$

**「図中の霞状部分，空白部分，斜線部分の面積は全て等しい」というのが方程式 $f_n(1)=f_n(n-1)$ の意味する事**

それ故，**第四十番勝負**である**問題 2** と**本問**を併せた“**登録商標**”(命名：$\boldsymbol{f_n(1)=f_n(n-1)}$)を**上図**の「**雪結晶**」として披露しよう．(かの『雪印食品』等の“brand of snow”のまねではない．)

---

**読者への課題**

「**問題 2** において，$n$ を任意に固定したとき，$k$ についての数列 $\{f_n(k)\}$ は減少数列であろう」，という予想は正しいか．

(**答．** 予想は正しい)　　**《持ち時間･60 分》**

---

既に，**問題 2** の**解答**で「崩しの着想」が呈示されてしまっているので，この**課題**は 1 時間以内で済ませるべきであろう．

*　　　　*

**自然に立脚した難問**は，人間の作った trick 的難問とは根本的に違い，(特性が判明するまで)**本ものの難問となって人智の前に立ちはだかる**，ということを切に銘記しておかれたい．
此の様な事の本格的研究をするのが，「数理物理」といわれる学問である．これは，一方では，未解明の物理現象を，モデルを考案して数学的に解明したり，新説を発表したり，また，他方では，物理学に現れる数学と純粋数学の間の橋渡しをして，その双方に何らかの新しい知見を与えることを目的とする．いずれにせよ，先端 level で双方の学識を有さねばならないので，(オリジナルな) 論文の発表のできる，即ち，研究者になるまでにかなりの修行も要る．この道を目指す人は心して行かれたい．

## 第四十三・第四十四番勝負　平面図形の折り返し

**図形**の問題の得手不得手は，中学数学のそれと強く関係している．**合同**とか**相似**とかいうものは中学数学でふんだんにやる．そして高校数学ではそれらに三角法や微分積分法が加わってくる．それ故，初歩のまた初歩である中学での幾何の弱い人は，大学入試問題に対してよい評点は望めない．

此の度は，その中学数学がよくできているかどうか，ということの確認を兼ねて軽いセンスの要求される問題との対局．

**【問題 1】**

図のように幅 4 のテープを端点 C が対辺に重なるように折るとき，三角形 ABC の面積が最小になるような $\theta$ とそのときの面積を求めよ．

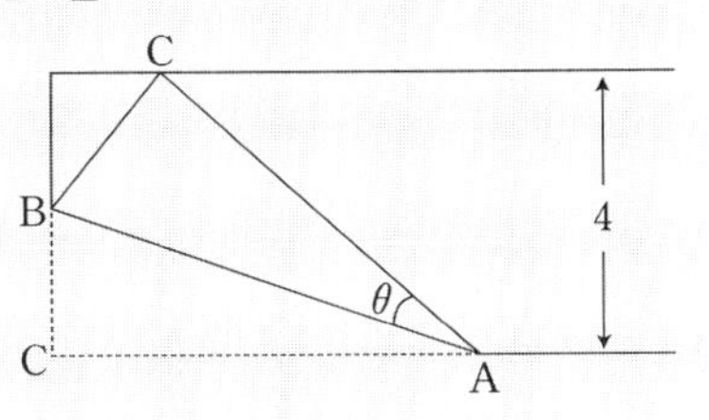


**《持ち時間・30 分》**　**名古屋大（情報文化）・平成 11（後）**

**解答過程**　なし

**■局盤〈1〉**　△ABC の面積を $\theta$ で表せばよい訳だが，**序盤の運び**をできるだけスマートにやらないと，持ち時間が 30 分でも，もて余すことになるのでは？ では，そのスマートな**序盤の一手**は？

**【問題 2】**

一辺の長さが1の正方形の紙を1本の線分に沿って折り曲げたとき二重の部分の多角形を $P$ とする． $P$ が線対称な五角形になるように折るとき， $P$ の面積の最小値を求めよ．

**《持ち時間・35 分》** **東京工大・平成 13(前)**

**解答過程**　なし

**■局盤〈2〉**　考え方はいろいろあるが，いずれにせよ，これも**序盤における着眼点**のとらえ方で見通しよく解けるかどうかが決まる．では，序盤におけるその明快な**崩しの一手**は？

**局盤〈1〉での次の一手：**

$\triangle ABC' \equiv \triangle ABC$ だから，$\triangle ABC$ の方でその面積 $S$ をとらえる．**右図**のように $BC = x$ $(0 < x < 4)$ と置いて，

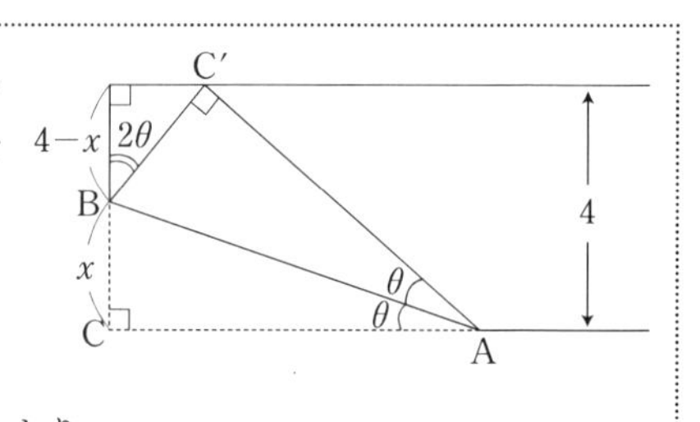


$BC\cos 2\theta = x\cos 2\theta = 4 - x$ より

$$S = \frac{1}{2}x^2\cot\theta = \frac{1}{2}\left(\frac{4}{1+\cos 2\theta}\right)^2 \cdot \frac{\cos\theta}{\sin\theta}$$

$$= \frac{2}{\sin\theta\cos^3\theta} \quad \left(0 < \theta < \frac{\pi}{4}\right).$$

$f(\theta) = \sin\theta\cos^3\theta \quad \left(0<\theta<\frac{\pi}{4}\right)$ として，

$$f'(\theta) = \cos^4\theta - 3\sin^2\theta\cos^2\theta = \cos^2\theta(4\cos^2\theta - 3)$$

となるから，$0<\theta<\dfrac{\pi}{4}$ においては明らかに $\theta=\dfrac{\pi}{6}$ で $f(\theta)$ は最大になる．

$$\therefore\ S\text{の最小値}\ \frac{32\sqrt{3}}{9}\quad\left(\theta=\frac{\pi}{6}\text{のとき}\right)\ \cdots\cdots\text{答}$$

**解説または意見**　取り立てる程の解説ではないが，$\mathrm{AC}=x$ と置いて解いてもよい．この場合は，$x=\dfrac{4}{\tan\theta(1+\cos 2\theta)}$ となる．尚，**解答**中，$0<\theta<\dfrac{\pi}{4}$ は $0<2\theta<\dfrac{\pi}{2}$ よりのもの．

### 局盤〈2〉での次の一手：

1本の直線 $\ell$ に関して頂点A，Dのある側を折り返したとき，ある軸 $\ell'$ に関して対称な五角形ができるためには，**図**のように $\ell$ と $\ell'$ は正方形ABCDの中心Gを直交するように通らなくてはならない．

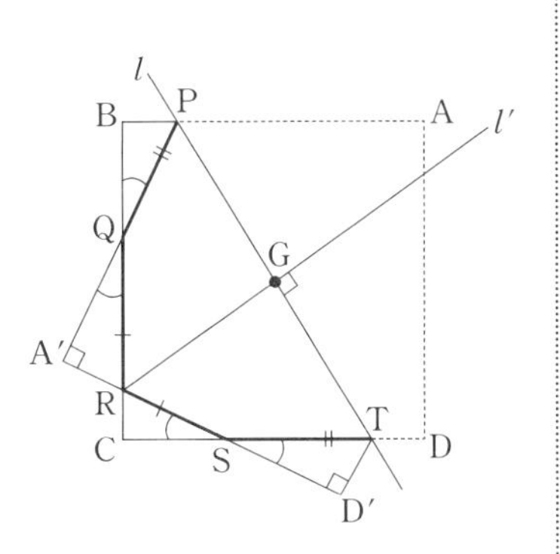


なんとなれば，**図**中のQ，R，Sが $\ell$ 上の1点に関して点対称となる3点がそれぞれAD，AD，AP上になくてはならないが，その1点がGになるからである．それ故 $\mathrm{BP}=\mathrm{CR}=\mathrm{A'R}$ となり，よって $\triangle\mathrm{QBP}\equiv\triangle\mathrm{SCR}\equiv\triangle\mathrm{QA'R}$.

それ故，五角形PQRSTの面積 $S$ は

$$S=\text{台形 PBCT の面積}-2\times(\text{三角形 PBQ の面積}).$$

いま，Cを原点とし，C→Dに向かって $x$ 軸，C→Bに向かって $y$ 軸をとる．そうすると，Gの座標は $\left(\dfrac{1}{2},\ \dfrac{1}{2}\right)$ となるから，$\ell$ の方程式は，$a$ をパラメーターとして

$$\ell : y = a\left(x - \frac{1}{2}\right) + \frac{1}{2} \quad (a < -1).$$

この式よりPの座標は $\left(\frac{a+1}{2a}, 1\right)$．従って $\mathrm{BP} = \frac{a+1}{2a}$．BQの方は，次のように求められる：

$$\mathrm{BQ} + \mathrm{QR} + \mathrm{RC} = 1 \text{ より } \mathrm{BQ} + \mathrm{QR} = \frac{a-1}{2a}. \qquad \cdots\cdots ①$$

$$\mathrm{BQ}^2 + \mathrm{BP}^2 = \mathrm{PQ}^2 = \mathrm{QR}^2 \text{ より } \mathrm{BQ}^2 + \left(\frac{a+1}{2a}\right)^2 = \mathrm{QR}^2. \qquad \cdots\cdots ②$$

①と②より $\mathrm{BQ}^2 = \frac{1}{1-a}$．よって

$$\triangle \mathrm{PBQ} = \frac{1}{2} \cdot \frac{1}{1-a} \cdot \frac{a+1}{2a} = \frac{a+1}{4a(1-a)} \text{ となり，}$$

$$S = \frac{1}{2} - \frac{a+1}{2a(1-a)}.$$

$f(a) = \frac{a+1}{a(1-a)} \quad (a < -1)$ として

$$f'(a) = \frac{a^2 + 2a - 1}{\{a(1-a)\}^2} = \frac{(a-\alpha)(a-\beta)}{\{a(1-a)\}^2}$$

$$(\alpha = -1 - \sqrt{2}, \beta = -1 + \sqrt{2}).$$

$a < -1$ においては $a = \alpha$ で $f(a)$ は最大値をとるから，そこで $S$ は最小となる．

$$\therefore \quad S \text{ の最小値 } \sqrt{2} - 1 \qquad \cdots\cdots \text{答}$$

解説または意見　「平面図形の折り返しの問題」としては，本問は**問題1**よりはずっと難しいだろう．パラメーターの取り様によっていろいろな解答の仕方があり，もちろん，**問題1**と同様にも解けるが，ここでは解答の趣向を変えて解いてみた．それは，受験生読者の頭が固型化しないようにするためでもあるし，また，趣向を変えた方がおもしろいからでもある．さて，幾何の問題では**直観力の差**がはっきり現れやすい：本問の場合，かの五角形の面積に最小値があるのは当たりまえのことだが，問題は，**それがどのようなときに実現するのかを的確**

**に予測しなくてはならない**処にある．それから合同三角形をとらえる，という展開をしている．やみくもなやり方で**あれこれ試行（錯誤）するようでは，全く力不足．** 尚，このような求積問題では（着眼点さえきちんと明示していれば），いくら直観的に解いてもよい，と強調しておく．

“対称図形の問題では，まず対称点を求める”という“解法の型”なるものをもっている人がいるかもしれないが，**そういうものには縛られない**方がよい．今の場合，**解答**中，$\ell$ に関する A の対称点 A′ の座標を求めると

$$\mathrm{A}'\left(\frac{a+1}{a^2+1},\ \frac{a(a+1)}{a^2+1}\right)$$

となるが，**これにこだわると意味のない遠回りの計算になる．** これを求めてから，直線 A′P の方程式を求めると

$$\mathrm{A'P}: y=\frac{2a}{1-a^2}\left(x-\frac{a+1}{2a}\right)+1$$

となる．これから Q の座標を求め，そして BQ の長さを求めなくてはならないわけである．（再度，**第 16 番勝負**の**解説または意見**を参照！）

最後に，**解答**中の $a$ が $a<-1$ であることについて念の為に説明しておくと，その“$-1$”は，図中の直線 $\ell$ が 2 点 B, D を通るときによるもの，ということ．

*　　　　　　　　*

数学の中でも，幾何の難問は直観力がかなりものをいう．それでも，入試程度は知れている．大学の幾何学となると，ちょっとやそっとでは image が追いつかないような事が展開されてゆく．尤もこのようなことは幾何学に限らないのだが．それは，**程度が上がる程，「数学の道」**は，なだらかな階段よりも**飛躍するべき段差の方が多くなる**からである．

# 第四十五・第四十六番 空間図形の移動による分析

勝負

**空間図形**の問題は平面図形の問題より一般に難しくなる傾向がある．それだけに，この分野では直観力の差がかなり現れやすい．

ここでは上記の題目のような問題を扱うが，そのような問題では，**ある目的のために図形を無駄なく動かしてみて，期待する結果を得るにはどうすればよいのか**，ということが問われる．
今回の問題は2題共，直観力の弱い人には難問の部類に入るものである．腕のほどを試してみられたい．

**【問題1】**

四面体ABCDがあり， $BC=a$, $AC=BD=b$, $AB=CD=c$ とする． $a, b, c$ は

$$0<a\leqq b\leqq c \quad と \quad a^2+b^2>c^2$$

を満たしている．

(1) $\angle ACB=C$ とするとき，角度 $C$ のとり得る範囲を求めよ．

(2) $AD=a$ とすることは可能か．

**《持ち時間・30分》** **名古屋大(理系)改作・平成15(前)**

**解答過程**

(1) $c^2=a^2+b^2-2ab\cos C$ と $a^2+b^2>c^2$ より $0°<C<90°$ ．

**■局盤〈1〉** これで一応の粗い範囲は求まったことになる．ここで行き詰まらず序盤を押しきれるなら，入試数学では初段格の腕あり．では，その序盤を押しきるための**次の一手**は？

**【問題 2】**

立方体 $X$ と球 $Y$ があって，両者の体積は等しいとする．このとき，次の問いに答えよ．ただし，円周率は $\pi = 3.14\cdots$ である．

(1) 立方体 $X$ と球 $Y$ を動かして，立方体 $X$ のなるべく多くの頂点が球 $Y$ の内部に含まれるようにしたい．最大何個の頂点が含まれるようにできるか．

(2) 立方体 $X$ と球 $Y$ を動かして，立方体 $X$ のなるべく多くの辺が球 $Y$ の内部と共通の点をもつようにしたい．最大何個の辺が共通の点を持つようにできるか．

**《持ち時間・30 分，しかし 90 分が妥当》　大阪大（理系）・平成 12（前）**

**解答過程**

$X$ の一辺の長さを 1，$Y$ の半径を $R$ とする．$X$ と $Y$ の体積は等しいというから，

$$1 = \frac{4\pi}{3}R^3\text{，故に } R = \sqrt[3]{\frac{3}{4\pi}}.$$

**■局盤〈2〉**

ここから (1) を解き始めるのだが，この序盤を軽く捌(さば)いておかないと，(2) には到底及ばない．では，その手始めの**軽い一手**は？

**局盤〈1〉での次の一手：**

$0° < C < 90°$ と $b \leqq c$ より**右図**のように頂点 A，D から辺 BC に垂線を引けて

$$2b\cos C \leqq a$$

を得る．

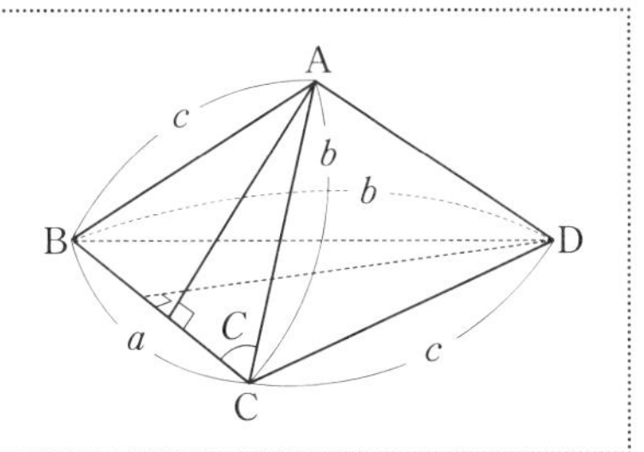

このことと $a \leqq b$ より

$$\cos C \leqq \frac{a}{2b} \leqq \frac{1}{2},\ C \geqq 60^\circ.\ \text{以上から}\ 60^\circ \leqq C < 90^\circ$$ ……

(2)(1)の結果と $b \leqq c$ より△ABC は**鋭角三角形**である．
そこで，辺 BC を回転軸として，△BCD を△ABC 上に折り重ねると**図 1** のようになり，$\mathrm{AD'} < a$ $(\mathrm{D'} = \mathrm{D})$．

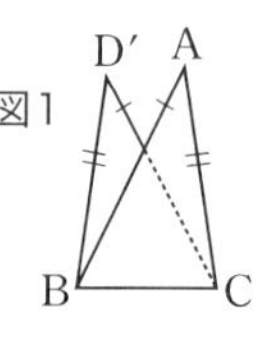


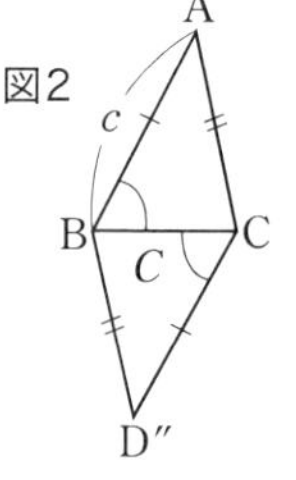


同様に回転して，ABCD が平行四辺形になるようにすると**図 2** のようになり，$a \leqq c$ と(1)の結果より

$$a \leqq c < 2c\sin 60^\circ \leqq 2c\sin C \leqq \mathrm{AD''}\ (\mathrm{D''} = \mathrm{D}).$$

以上から，点 D を軸 BC の回りに回転させて

AD $= a$ とすることは可能である ……答

解説または意見　「**次の一手**」について少し．$0^\circ < C < 90^\circ$ でないと，$b \leqq c$ であっても，頂点 A や D から辺 BC に引いた垂線の足は，(端点 C を除いた) BC 上には乗らない．だから，「**次の一手**」にあるその記述は**要所のひとつ**になる．また，(2) については，$\mathrm{AD'} < a < \mathrm{AD''}$ を示すことが**要所**で，そのために(1)の結果を用いている．

## 局盤〈2〉での次の一手：

(1) 立方体 $X$ での正方形の一辺の長さ 1 とその**対角線の長さ** $\sqrt{2}$ 及び $2R$ を比較すると，

$$1 < 2R < \sqrt{2}\ (\because\ 2R < \sqrt{2}\ \text{は}\ 3 < \sqrt{2}\pi\ \text{となるから})，\text{従って}$$

$$\frac{1}{2} < R < \frac{1}{\sqrt{2}} < 1.$$

これより $X$ の一辺は両端点を含めて $Y$ の内部に含まれ得るが，$X$ のどの二辺の組合せをとっても二辺が $Y$ の内部に(完全に)含まれることはない.

よって　　$Y$ に含まれる $X$ の頂点の最大個数は 2 個　　　……

(2) (1) の結果より, $Y$ に含まれる $X$ の頂点の個数で次のように**場合分けが生じる**：

**イ**) 1 点も含まれない場合　　**ロ**) 1 点だけが含まれる場合

**ハ**) 2 点が含まれる場合

以後, $\frac{1}{2} < R < \frac{1}{\sqrt{2}}$ を含めた (1) の**解答**に基づいて, 最初**にハ**) の場合, それから**ロ**), **イ**) の場合について記述していく.

**ハ**) の場合

**図 1** は, $Y$ の中心 O を $X$ の辺 AB が OA = OB となるように通る様子を示している. この時点で $Y$ と共通部分をもつ $X$ 上の辺(以後, "**共通辺**" とよぶ)は 5 個ある.

(これから, この 5 個を超えるときはあるのか否か, **明白でない箇所についてだけ調べる.**)

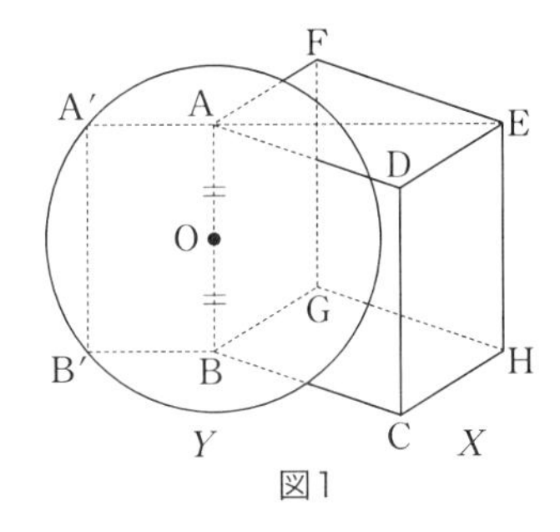

図1

まず, 辺 AB を対角線 EA と HB の延長線に沿って平行に移動させ, 線分 A′B′ に一致させた断面図が**図 2** であるが, (1) の**解答**と, そして OA (= OA′) と AD は垂直でないことより, ここまでの過程で共通辺の個数 5 個は変わらない.

次に, 弦 A′B′, つまり, AB を回転軸として $Y$ を回転させても共通辺の個数 5 個は変わらない. というのは, もし 6 個になる可能性があるとすれば, 共通辺は AB, AD, BC, AF, BG 以外に (代表として) CD が加わるとしてよいが, これが実現する前に CD が**図 3** のように必ず $Y$ と接するときがなくてはならない. ところが, **図 3** の円の半径を $L$ とすると, $\sqrt{L^2 - \left(\frac{1}{2}\right)^2} + L = 1$ でなくてはならず, これより

$L = \frac{5}{8} > R = \sqrt[3]{\frac{3}{4\pi}}$ となってしまうからである. (これは矛盾.)

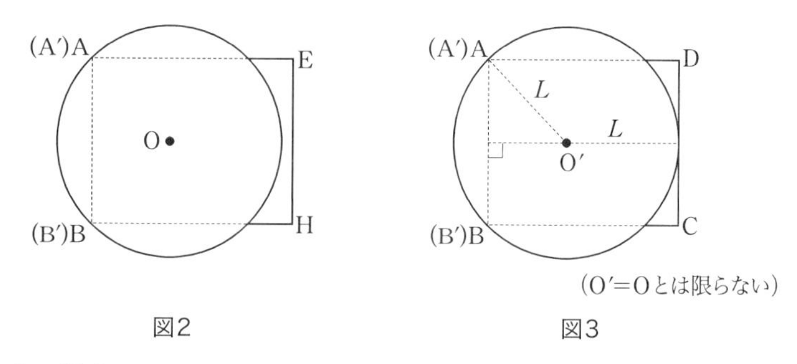


図2　　図3

**ロ**)の場合

**図 2** において，点 A を固定して(図のような断面内で) A の回りに面 ABHE を回転させて B を $Y$ の外へ出しても共通辺の個数 5 個は超えない．実際，**図 4** は，$X$ の一断面 ABHE の AB が $Y$ の大円に接し，AE がその中心 O を通過するときの様子を示しており，$Y$ に対する $X$ の共通辺は AD, DE, EF, FA にあるが(**図 5** 参照；計算省略)，ここで面 ABHE を点 A の回りに反時計周りで回転させて AB が $Y$ を切ったときから**図 2**(の直前)までの過程で，上述の 5 個を超えることはないからである．

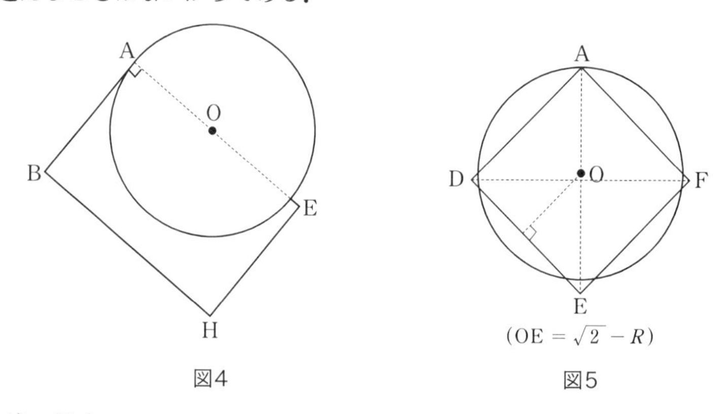


図4　　図5

**イ**)の場合

まず $X$ と $Y$ の中心を一致させておいて，それから $Y$ を適当に移動させると，正方形 ABCD の辺 AB の中点に接するようにできるから，その状態で AB を軸として $Y$ を回転させる．この視点に基づいて，共通辺は 6 個(以上)にならないのは，(1)の**解答**の最後の部分より判明する．一方，**ロ**）の個数 5 個の状態で点 A も $Y$ の外に出しても，共通辺の最大個数は 6 個(以上)には実現しない．

以上から，共通辺の最大個数は

**イ**)～**ハ**)のどの場合でも 5 個　……**答**

解説または意見　かなりの難問になろう．(1)でもたつくと，(2)には全然手付かずになるから，(1) で明快な一手を打ってゆかねばならない．(2)は，問題の意味がわからなかった人が多かったのでは？
「$X$ の辺のうち，最大何個の辺が $Y$ の内部と共通部分をもつか」，ということである．さもなくば，設問文は意味をなさない．最大個数が少なくとも 5 個以上であることは，どうやっても明らかであるが，問題は，**その 5 個を超えない**，ということを**よく分析しなくてはならない**点にあり，こういう所の見極めが難しかったであろう．

なお，(2) の**解答** ── **イ**）～**ハ**）の場合分けは「**中盤の一手**」── であるが，**イ**），**ロ**）の順にやると，まずお手上げになろう．出題側は，**ハ**）の場合，つまり，(1) の結果の場合だけに限定して解かせてもよかったであろうに．**イ**）の場合が最も難しいので，**ハ**）と**ロ**）の方から推測してゆくのがよい．
(2) の此の**解答**でも，実は，**まだ少しの不明確な位置相関の問題がある**が，それは省略した．しかし，これ位で大目に見てもらえるだろう．

*　　　　　　*

近年，“難関校”といわれる所の入試問題は，その時間内(大問 1 題につき，ふつう 25 分～ 30 分)では，無理な問題が多過ぎる．多分，受験生は手が出ず，点差など殆どついてはいないであろう．最短コースでスラスラ解答しても記述に，裕に 60 分以上もかかるようなものが珍しくないが，そういう無理な出題は控えて少しでも試験の仕方などをまともな方向に──できるだけ正しい「頭脳の選定」になるように──変えてゆくべきであろう．

とにかく，徒らな無理難題にならないように入試委員はよく議論をして戴きたいものである．

第四十七・第四十八番
勝負

# 数列の極限

今回は，理工系入試では好んで出題される**数列（級数）の極限**の問題への挑戦となる．これは，様々な分野の内容が融合されて出題されることが多いので，総合力も要求される．ひとつの無限数列は，大別して**収束するか発散するか**であるから，それを推測できるようにしておくことが望ましい．しかし，勿論，出題側もすぐには見抜かれないように問作してくるので，解答側も直観力を鍛えておかねばならない．それによって，入試数学では，「結局のところ，“**タネのない手品はあり得ない**”という標語に尽きる！」，という事も納得されることになろう．

**【問題 1】**

次の極限を求めよ．ただし，$n$ は自然数，$a$ は0でない実数で，かつ $|a|<\pi$ なるものとする．

$$\lim_{n\to\infty}(\sqrt{(n\pi)^2+a}+n\pi)\sin(\sqrt{(n\pi)^2+a}+n\pi)$$

**《持ち時間・20 分》**

**解答過程**

$$\begin{aligned}\sin(\sqrt{(n\pi)^2+a}+n\pi)&=\sin(\sqrt{(n\pi)^2+a})\cos n\pi\\&=(-1)^n\sin(\sqrt{(n\pi)^2+a}).\end{aligned}$$

問題の式を $u$ で表すと

$$u=\lim_{n\to\infty}(-1)^n(\sqrt{(n\pi)^2+a}+n\pi)\sin(\sqrt{(n\pi)^2+a})\ ?$$

■**局盤〈1〉** 三角関数の加法定理を用いて変形し，上式の $u$ の所まできたのだが，そこで考えあぐんでしまった．これを打開するべき**次の一手**は？

**【問題 2】**

(1) $x \geqq 0$ に対して，$|\sin x - x| \leqq \frac{1}{2}x^2$ が成り立つことを示せ．

(2) 次を示せ．

$$\lim_{n\to\infty}\sum_{k=1}^{n}\sqrt{\frac{k}{n}}\cdot\frac{1}{n^2}=0$$

(3) 次の極限値を求めよ．

$$\lim_{n\to\infty}\sum_{k=1}^{n}\sqrt{\frac{k}{n}}\sin\frac{1}{n}$$

**《持ち時間・45 分》** **金沢大(理系)・平成 12(後)**

**解答過程**

(1) 示すべき不等式は

$$x-\frac{1}{2}x^2 \leqq \sin x \leqq x+\frac{1}{2}x^2 \quad (x \geqq 0) \qquad \cdots\cdots①$$

である．

i ) $$f(x)=x+\frac{1}{2}x^2-\sin x \quad (x \geqq 0)$$

とすると，$f'(x)=1+x-\cos x \geqq 0$ $(x \geqq 0)$，そして $f(0)=0$ なので $f(x) \geqq 0$ $(x \geqq 0)$.

ii ) $$g(x)=\sin x-x+\frac{1}{2}x^2 \quad (x \geqq 0)$$

とすると，$g'(x)=\cos x-1+x,\ g''(x)=-\sin x+1 \geqq 0$．

$g'(0)=0$ なので $g'(x) \geqq 0$ $(x \geqq 0)$，そして $g(0)=0$ なので $g(x) \geqq 0$．

ⅰ), ⅱ)によって①は示された. ◀

(2) $\lim_{n\to\infty}\sum_{k=1}^{n}\frac{1}{n}\cdot\sqrt{\frac{k}{n}}=\int_0^1\sqrt{x}\,dx=\frac{2}{3}\left[x^{\frac{3}{2}}\right]_0^1=\frac{2}{3}$ だから,

$\lim_{n\to\infty}\sum_{k=1}^{n}\sqrt{\frac{k}{n}}\cdot\frac{1}{n^2}=0$ は明らか(?).

■**局盤〈2〉** 区分求積法を用いる点はよいのだが, その後が証明になっていない. (2)は, 始めからきちんとした解答を示されたい. では, その**手始めの一手**は?

**局盤〈1〉での次の一手:**

$u$ を表す右辺において

$$(-1)^n\sin\left(\sqrt{(n\pi)^2+a}\right)=\sin\left(\sqrt{(n\pi)^2+a}-n\pi\right)$$
$$=\sin\left(\frac{a}{\sqrt{(n\pi)^2+a}+n\pi}\right)$$

となる.

$$t_n=\frac{1}{\sqrt{(n\pi)^2+a}+n\pi}$$

とおくと, $t_n\to 0$ $(n\to\infty)$ なので,

$$u=\lim_{n\to\infty}\frac{\sin(at_n)}{t_n}=a\lim_{n\to\infty}\frac{\sin(at_n)}{(at_n)}=a \quad \cdots\cdots 答$$

**解説または意見** 式変形の軽妙さに走った人工的問題であるが, 三角関数の極限に関する入試問題はこれに近いものが主流なので大目に見られたい. (本問は, 考え方が少し難.) なお, 三角関数の加法公式を用いて変形するところでは, そうしないで, $\sin\left(\sqrt{(n\pi)^2+a}+n\pi\right)$ $=\sin\left(\sqrt{(n\pi)^2+a}-n\pi\right)$ である事を**すぐ見抜ければ**, 大分, 解きやすくはなるが, そこまで直観が働くかどうか.

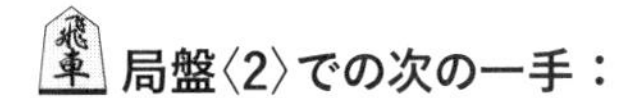

(2) $\dfrac{k-1}{n}<x<\dfrac{k}{n}$ $(k=1, 2, \cdots, n)$ において

$$\frac{k-1}{n}<x \longleftrightarrow \frac{k}{n}<x+\frac{1}{n}$$

であるから，

$0<\sqrt{\dfrac{k}{n}}<\sqrt{x+\dfrac{1}{n}}$ となり，

$$0 \leqq \sqrt{\frac{k}{n}}\int_{\frac{k-1}{n}}^{\frac{k}{n}} dx \leqq \int_{\frac{k-1}{n}}^{\frac{k}{n}} \sqrt{x+\frac{1}{n}}\,dx.$$

上で得た不等式の各辺に $\dfrac{1}{n}$ を掛けて $k=1\sim n$ までの和をとることで

$$0 \leqq \frac{1}{n^2}\sum_{k=1}^{n}\sqrt{\frac{k}{n}} \leqq \frac{1}{n}\int_0^1 \sqrt{x+\frac{1}{n}}\,dx$$
$$=\frac{2}{3n}\left[\left(x+\frac{1}{n}\right)^{3/2}\right]_0^1=\frac{2}{3n}\left\{\left(1+\frac{1}{n}\right)^{3/2}-\left(\frac{1}{n}\right)^{3/2}\right\}.$$

はさみうちの原理に従って

$$\lim_{n\to\infty}\frac{1}{n^2}\sum_{k=1}^{n}\sqrt{\frac{k}{n}}=0. \quad ◀$$

(3) (1) における①式で $x=\dfrac{1}{n}$ とし，各辺に $\sqrt{\dfrac{k}{n}}$ を掛けて $k=1\sim n$ までの和をとることで

$$\sum_{k=1}^{n}\left(\frac{1}{n}\sqrt{\frac{k}{n}}-\frac{1}{2n^2}\sqrt{\frac{k}{n}}\right) \leqq \sum_{k=1}^{n}\sqrt{\frac{k}{n}}\sin\frac{1}{n}$$
$$\leqq \sum_{k=1}^{n}\left(\frac{1}{n}\sqrt{\frac{k}{n}}+\frac{1}{2n^2}-\sqrt{\frac{k}{n}}\right).$$

この式で $n\to\infty$ とし，$\displaystyle\lim_{n\to\infty}\frac{1}{n}\sum_{k=1}^{n}\sqrt{\frac{k}{n}}=\int_0^1\sqrt{x}\,dx=\frac{2}{3}$ であること，

および(2)を用いることで

$$\lim_{n\to\infty}\sum_{k=1}^{n}\sqrt{\frac{k}{n}}\sin\frac{1}{n}=\frac{2}{3} \quad \cdots\cdots 答$$

**解説または意見**　この問題の山場は当然(2)であって，(3)は，その応用に過ぎない．**局盤〈2〉**での「**次の一手**」の着想について少し述べることにしよう．問題の式を見ると，すぐ，本質的には区分求積法の問題であることがわかる．そこで $\dfrac{k-1}{n}<x<\dfrac{k}{n}$ $(k=1,\,2,\,\cdots,\,n)$ と**区間分割に入るのは全く自然な攻略**といえるであろう．それから $\sqrt{\dfrac{k}{n}}$ の形にもってゆき，それをはさみ込むようにしたのである．**はさみうちの原理で本質的に証明している**点に留意されたい．この関門を突破すれば，あとは計算のみである．

証明問題というものは，**予め，結果を与えているのだから**，その分，解答が「**証明といえるものになっているかどうか**」が綿密に検証されると思うこと．

数学科・計算数学科での出題のようだが，果たして，**入試出題者の所望**通りの正解があったかどうか．

**第四十九・第五十番**

*勝負*

# 奇問も楽しからずや

数学の問題には**奇問**と呼ばれてきているものが結構ある．それは，「旧来の問題から外れたようなもので，かつ解いたからとてそれ以上の数学的価値はない」，と言われる問題に多い；──しかし，そう言うなら，既に累積されてきた入試問題は大半がそうなのである．旧来からあるタイプの問題というものは，解き方が広く知られてしまった，いわゆる，ただの「**解法（解答）既知のマニュアル問題**」となり，「それでは」と，それらから外れて，張りきって作られたものは，しばしば，“**奇問**”と評されてきただけのこと．また，“**数学的価値**”というなら，そもそも，**そのようなことを云々する世界ではない**のだから，それは論外ということになろう．そもそも，単に，旧来の問題に対しての奇問，という見方なら，それは，妥当な見方ではない．──ある奇問も，その類題が流行すれば，“**奇問**”とは言われなくなるからである！

それ故，此処でいう「**奇問**」は，問題の価値などを云々せず，旧来の問題に比べてかなり珍しく，その分あまり流行することはないであろうもの；されど，おもしろく解けるようなもののことである．それなら**奇問は，純に頭の体操となってまた楽しからずや**，であろう．

さて，奇問は忍者のようなものである．忍法には，手裏剣（しゅり），跳躍を始めとし，更にさまざまな**幻惑術**（変装や催眠術など）もある．あの手，この手の千変術と戦うのは尋常なことではない．しかし，忍法とて一種の“武芸”に数えられるであろうから，それなら，武芸一般としての共通した精神はあるのだから，**剣一本で忍者と戦えないということはない**．此の度は，江戸（＝東京）在住の 2 人の忍者，その名は，幕府の隠密**本郷安兵衛**（やすべえ）と伊賀の流れを汲む**高田馬之助**（たかだのうまのすけ），と対決することにする．拙者（せっ）の名は**中森剣一郎**．：──無双自然流（じねん）．

**【問題 1】**

実数 $a$ に対して $k \leqq a < k+1$ をみたす整数 $k$ を $[a]$ で表す． $n$ を正の整数として

$$f(x)=\frac{x^2(2\cdot 3^3\cdot n-x)}{2^5\cdot 3^3\cdot n^2}$$

とおく． $36n+1$ 個の整数 $[f(0)], [f(1)], [f(2)], \cdots, [f(36n)]$ のうち相異なるものの個数を $n$ を用いて表せ．

**《持ち時間・25 分》**　　**東京大(理系)・平成 10(前)**

**解答過程**

$2\cdot 3^3 n = a_n,\ 2^5\cdot 3^3 n^2 = b_n$ と置くことにしよう．そうすると，

$f(x)=\dfrac{a_n}{b_n}x^2-\dfrac{1}{b_n}x^3$ だから，

$$f'(x)=\frac{2a_n}{b_n}x-\frac{3}{b_n}x^2=\frac{1}{b_n}(2a_n-3x)x.$$

$f'(x)=0$ となるのは $x=0$ または $\dfrac{2a_n}{3}=36n$ で， $0\leqq x\leqq 36n$ では $f(x)$ は増加の状態にある．

**■局盤〈1〉**　まずは，**本郷安兵衛**との対決．安兵衛は，得意の煙幕戦法をとった．しかし，剣一郎は，煙の中に相手の影を見て取り，上段からの一振り．安兵衛は駮(ばく)転してその剣を避けた．剣一郎は素早く摺(す)り寄り，その下段にあった剣を切り上げ，その一手でもって相手を討った．では，その**切り上げの一手**とは？　──上の**解答過程**に続けて，**その一手**を決めてみよ．

**【問題 2】**

1 桁の数 $a=0, 1, \cdots, 9$ に対して，$9-a$ を $a$ の**補数**といい，$\overline{a}$ で表す．2 桁以上の 10 進法 $k$ については，各桁をその補数で置き換えた数を $k$ の**補数**といい，$\overline{k}$ で表す．

$\|k\|$ で $k$ の桁数を表すとき，数列 $\{x_n^{(a)}\}$ を

$$x_1^{(a)}=a,\ x_{n+1}^{(a)}=10^{\|x_n^{(a)}\|}\times x_n^{(a)}+\overline{x_n^{(a)}}\quad (n=1, 2, \cdots)$$

で定める．$a$ が 0 以外の 1 桁の数のとき，$x_n^{(a)}+\overline{x_n^{(a)}}+1$ を $n$ を用いて表せ．また，$x_n^{(3)}-x_n^{(2)}$ が $9^m$ で割り切れるとき，$m$ の最大値を $n$ で表せ．ただし，$m$ は 0 以上の整数とする．

**《持ち時間・22 分》　　早稲田大(教育)・平成 15**

**解答過程**　なし

**■局盤〈2〉**（すれ違い様に)「**中森剣一郎**殿か」;「左様」．(頭巾(ずきん)をとりながら)「夫某(それがし)の顔を覚えているか」;「さて？ そのような顔はどこにでもあるからな」．「ムッ？ 夫某は，三十余年前，お主(ぬし)に斬られた**高田馬場之助**(たかだのばばのすけ)が長男**馬之助**」;「馬場之助の？ あの果し合いを見ていたあの子供か」．「そうだ！ お主には冥土(めいど)に行ってもらう」;「言うことだけは大層だが，その方の腕で倒せるかな？」．「黙れ！ 父の仇！」(，と喚(わめ)いて火焔(えん)の術の直後に巨大な龍に変幻)；「巧く化けたな，馬之助．だが，竹馬(たけうま)に乗って大きく見せたとて足元が見え透いているぞ」．と，剣一郎の白刃がキラリと走るや，一瞬にして馬之助の“化け龍”は倒れた．**足元が見え透いている**なら，そこを討つ一手である．では**その一手**とは？

**局盤〈1〉での次の一手：**

$m$ を $0 \leqq m \leqq 36n-1$ として，

$f'(m)=\dfrac{1}{b_n}(2a_n-3m)m \geqq 1$ となる整数 $m$ の値を調べる．

上式は $m^2-2^2\cdot 3^2nm+2^5\cdot 3^2n^2=(m-2^2\cdot 3n)(m-2^3\cdot 3n) \leqq 0$ ということだから，$\mathbf{12n \leqq m \leqq 24n}$．そこで，

$$\begin{cases} 7n=f(12n)<\cdots<f(24n)=20n \text{ においては} \\ [f(12n)],\ \cdots,\ [f(24n)] \text{ の } 12n+1 \text{ 個の値は全て異なる} \quad \text{—— ①} \end{cases}$$

$\mathbf{0 \leqq m \leqq 12n-1,\ 24n+1 \leqq m \leqq 36n-1}$ では上述の経過より

$$0 \leqq f(m+1)-f(m)<1,\ 0 \leqq f'(x)<1 \quad (m<x<m+1)$$

となるから，$[f(m+1)]=[f(m)]$ または $[f(m)]+1$．そこで，$f(0)=0,\ f(36n)=27n$ に留意して

$$\begin{cases} 0=f(\mathbf{0}) \leqq f(1) \leqq \cdots \leqq f(\mathbf{12n})=7n \text{ においては} \\ [f(0)],\ \cdots,\ [f(12n)] \text{ によって } 0,\ \cdots,\ 7n \text{ の全ての値が対応される} \end{cases}$$

—— ②

$$\begin{cases} 20n=f(\mathbf{24n}) \leqq \cdots \leqq f(\mathbf{36n})=27n \text{ においては} \\ [f(24n)],\ \cdots,\ [f(36n)] \text{ によって} \\ 20n,\ \cdots,\ 27n \text{ の全ての値が対応される} \quad \text{—— ③} \end{cases}$$

①，②と③より求める個数は

$$(12n+1)+(7n+1)+(27n-20n+1)-2=26n+1$$ ……答

解説または意見　$f(x)$ の形がものものしい(──東大の問題にはこういうものが多いが，本問はそれらの中でも群を抜いている部類の１つであろう──)ので，恐れて逃げた人が多かったであろう．

この**解答**を見て，「それでもわからない」，と言う人はいないであろうが，念の為，少し説明しておく．まず，「**次の一手**」の所で，主張しているこ

とは，**右図**（$m=12n$ のとき）をみればすぐわかって戴けるであろう．次に，$0 \leqq m \leqq 12n-1, 24n+1 \leqq m \leqq 36n-1$ に対して $f(m+1)-f(m)$ の範囲を調べているが，$f(m+1)-f(m) \geqq 0$ は明らかなので，$f(m+1)-f(m)<1$ に的は絞られる．そして，$[f(m+1)]=[f(m)]$ または $[f(m)]+1$，に到っているが，この意味することは大丈夫か？ これは，$[f(m)]$ から $[f(m+1)]$ へは**2以上の値をとって飛び移ることはない**，ということなのである．最後に，**答**の左辺の式での“$-2$”についてだが，これは，$f(12n)$ と $f(24n)$ のそれぞれを（2回ずつ）重複勘定している分を引いたものである．

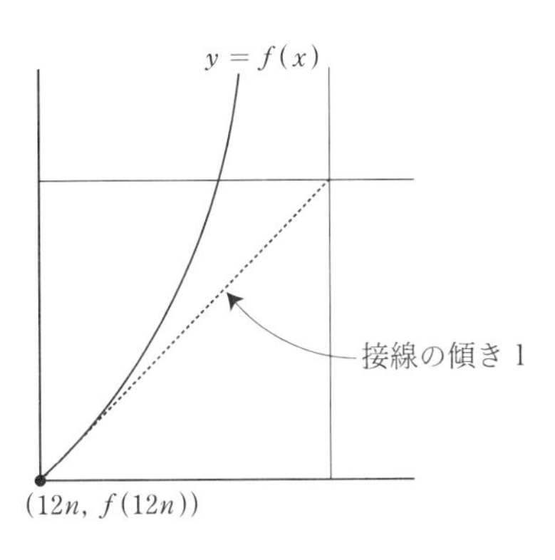


かくして本郷安兵衛は討たれたことになる．（しかしながら，剣一郎の行く手には，また，新たな刺客が待ち構えていた．）

### 局盤〈2〉での次の一手：

**補数**の規約より
$x_n^{(a)}+\overline{x_n^{(a)}}=9\cdots9$ （9のみが $\|x_n^{(a)}\|$ 個だけ並ぶ）．

**前半．** $x_{n+1}^{(a)}=x_n^{(a)}0\cdots0+\overline{x_n^{(a)}}$ （$x_n^{(a)}0\cdots0$ は $x_n^{(a)}$ と $\|x_n^{(a)}\|$ **個の0**を並べたもの）

$=x_n^{(a)}\overline{x_n^{(a)}}$ （$x_n^{(a)}\overline{x_n^{(a)}}$ は $x_n^{(a)}$ と $\overline{x_n^{(a)}}$ を並べたもの）

となるから，$\|x_{n+1}^{(a)}\|=2\|x_n^{(a)}\|$．そして $\|x_1^{(a)}\|=\|a\|=1$ より

$$\|x_n^{(a)}\|=1\cdot2^{n-1}=2^{n-1}.$$

よって $x_n^{(a)}+\overline{x_n^{(a)}}=9\cdots9$ は9が $2^{n-1}$ 個だけ並んだもの．

$$\therefore\ x_n^{(a)}+\overline{x_n^{(a)}}+1=10^{2^{n-1}} \quad \cdots\cdots \text{答}$$

**後半.** $x_{n+1}^{(3)}=10^{2^{n-1}}\times x_n^{(3)}+\overline{x_n^{(3)}}=(10^{2^{n-1}}-1)x_n^{(3)}+10^{2^{n-1}}-1$

（∵ **前半の答**より）.

同様に $x_{n+1}^{(2)}=(10^{2^{n-1}}-1)x_n^{(2)}+10^{2^{n-1}}-1.$

辺々相引いて $x_{n+1}^{(3)}-x_{n+1}^{(2)}=(10^{2^{n-1}}-1)(x_n^{(3)}-x_n^{(2)})$，そして

$x_1^{(3)}-x_1^{(2)}=3-2=1$ より

$$x_{n+1}^{(3)}-x_{n+1}^{(2)}=(10^{2^{n-1}}-1)(10^{2^{n-2}}-1)\cdots\cdots(10-1).$$

これは $9^n$ で割り切れる．よって，問題における $m$ の最大値は

$n-1$ ……**答**

**解説または意見** 問題の外観をちらりと見ただけで，ギョッとなってすぐ諦(あきら)めた受験生が多かったであろう．

ここにおける**補数**の規約を，すぐ数式で，$x_n^{(a)}+\overline{x_n^{(a)}}=9\cdots9$ と**表せないと，どうにもならない．**（これが馬之助の化け忍法の竹馬になっている．）**全体的に，「整数」に関する理解が要求されている．**

**補数とは**：元来，1 から 9 までの 2 数 $x, y$ で組を成し，$x+y=10$ になる $x, y$ を相互に**補数**というのであるが，本問は 0 から 9 までにずらして 2 数で組を成し，$x+y=9$ になる $x, y$ をそう呼んでいる点で，少し変則的か．

なお $\|x_n^{(a)}\|$ をサッと読みとれないなら，$\|x_1^{(a)}\|=1, \|x_2^{(a)}\|=2, \cdots$ として数学的帰納法によれ．

* *

当読者には，忍者との戦いはいかがであったかな？；太刀打ちできなかった？ では，**考え方をよく学ぶように．**（決して解答を覚えようとしないこと！ 覚えたとて，次から次へと手強い忍者団はいくらでも出現する！ これは，他教科の試験には見られない“**数学の強み**”のひとつでもあるから．）

# 第2部

## 次の一手

# 番外勝負

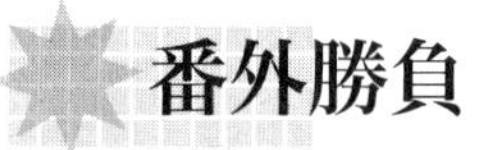

# 番外勝負 複素数

## 第一・第二番 勝負

**複素数**というものは，それ自体が，始めから解析幾何と表裏一体を成しているものである．**極形式**は，そのことを最も如実に物語っている．**番外勝負の第一・第二番**は，複素数の「有限(可換)群」というものに関した問題である．

**【問題1】**

$n$ を3以上の自然数とする．有限複素数列 $z_1, z_2, \cdots, z_n$ の各項はいずれも方程式 $z^6=1$ の解の一つであり，かつ，関係式 $z_1+z_2+\cdots+z_n=0$ を満たしているとする．

(1) $z_1, z_2, \cdots, z_n$ の中に1が含まれ，$-1$ が含まれていないとすれば，$-\frac{1}{2}+\frac{\sqrt{3}}{2}i$，$-\frac{1}{2}-\frac{\sqrt{3}}{2}i$ はいずれも $z_1, z_2, \cdots, z_n$ の中に含まれることを示せ．

(2) $n=6$ のとき，(1)のような複素数列 $z_1, z_2, \cdots, z_6$ のとり方の個数を求めよ．

**《持ち時間・25分》　　名古屋大(理系)・平成13(前)**

**解答過程**

(1) $z^6=1$ において，$z=r(\cos\theta+i\sin\theta)$ $(r>0,\ 0\leqq\theta<2\pi)$ と表し，ド＝モアヴルの定理を用いることで $r^6(\cos 6\theta+i\sin 6\theta)=1$．$r>0$ より $r=1$．$6\theta=2k\pi$ $(k=0, 1, \cdots, 5)$ となり，

$$z=\cos\frac{k\pi}{3}+i\sin\frac{k\pi}{3}\quad(k=0, 1, \cdots, 5).$$

従って解の具体形は $\pm1$, $\frac{1}{2}\pm\frac{\sqrt{3}}{2}i$, $-\frac{1}{2}\pm\frac{\sqrt{3}}{2}$ となる．

**■局盤〈1〉** ふつうは，ここまではこれるであろう．以下の記述で点差がつきやすい．では，その**手始めの一手**は？

**【問題2】**

0でない複素数からなる集合$G$は次を満たしているとする．

$G$の任意の要素$z, w$の積$zw$は再び$G$の要素である．

$n$を正の整数とする．このとき，

(1) ちょうど$n$個の複素数からなる$G$の例をあげよ．

(2) ちょうど$n$個の複素数からなる$G$は(1)の例以外にはないことを示せ．

**《持ち時間・30分》　京都府医大・平成13**

**解答過程**

(1)　$\left\{\cos\dfrac{2k\pi}{n}+i\sin\dfrac{2k\pi}{n}\,\middle|\,k=0, 1, \cdots, n-1\right\}$.

(2)　$\{z_0, z_1, \cdots, z_{n-1}|$どの要素も0ではなく，かつ相異なる$\}=G$とする．

**■局盤〈2〉** (1)は知っていればかける．(2)をどこからやり込むか，**その一手**は？

**局盤〈1〉での次の一手：**

$z_1, z_2, \cdots, z_n$の中に1が$m$個（$1\leqq m<n$）含まれているとすると，$z_1=z_2=\cdots=z_m=1$として，$z_{m+1}+\cdots+z_n=-m$とならなくてはならない．

$z_1, z_2, \cdots, z_n \neq -1$ということより$z_{m+1}, z_{m+2}, \cdots, z_n$には$-\dfrac{1}{2}+\dfrac{\sqrt{3}}{2}i$と$-\dfrac{1}{2}-\dfrac{\sqrt{3}}{2}i$が含まれていなくてはならない．◀

(2) (1) の**解答**内容により $(n-m)\left(-\frac{1}{2}\right)=-m$ となるから，$n=6$ のときは $m=2$ と決まる．従って $1,\ -\frac{1}{2}+\frac{\sqrt{3}}{2}i,\ -\frac{1}{2}-\frac{\sqrt{3}}{2}i$ の各々が 2 つずつあって数列 $z_1, z_2, \cdots, z_6$ を構成することになる．この構成の仕方は

$$\frac{6!}{2!\,2!\,2!}=\frac{6\cdot5\cdot4\cdot3\cdot2}{2\cdot2\cdot2}=90\ (\text{通り})\ \cdots\cdots\text{答}$$

解説または意見　適度に思考力を要する良問で，易しくもないので，多分，バランスよく点差がついたであろう．なお，(2) では，$z_1, z_2, \cdots, z_6$ の中に **1 が 2 個しか含まれてはならない**，ということを，はっきり示すことが大切である．

### 局盤〈2〉での次の一手：

> $G$ の各要素に，$G$ から任意にとった $z_\ell\ (0\leqq \ell\leqq n-1)$ を掛けた集合 $\{z_\ell z_0, z_\ell z_1, \cdots, z_\ell z_{n-1}\}$ を $z_\ell G$ で表すと，集合的に $G=z_\ell G$ であるから，任意の $z_k\ (0\leqq k\leqq n-1)$ に対して $z_\ell^{-1}z_k\in G$ となる．$z_k=z_\ell$ ととれるので，$1\in G$．

さて，$0<|z_0|\leqq|z_1|\leqq\cdots\leqq|z_{n-1}|$ としても一般性は失われないが，もし $|z_{n-1}|>1$ とすると $|z_{n-1}|^2>|z_{n-1}|$ となり，$z_{n-1}^2\notin G$ となるので $|z_{n-1}|\leqq1$．同様にして $|z_0|\geqq1$．従って

$$1=|z_0|=|z_1|=\cdots=|z_{n-1}|.$$

以上によって，$z_0=1$ として

$$\begin{aligned}G&=\{(z_0=)1, z_1, z_2, \cdots, z_{n-1}\,|\,|z_k|=1\ (0\leqq k\leqq n-1),\\&\qquad\qquad \text{各 } z_k \text{ は相異なる}\}\\&=\{1, \cos\theta_1+i\sin\theta_1, \cdots, \cos\theta_{n-1}+i\sin\theta_{n-1}\,|\ \text{ただし}\\&\qquad\qquad \arg(z_k)=\theta_k\ \ (0\leqq k\leqq n-1)\ \text{で}\ \theta_k\ \text{は相異なる}\}\end{aligned}$$

となる．**ここに**

$$0=\theta_0<\theta_1<\theta_2<\cdots<\theta_{n-1}<2\pi \qquad \cdots\cdots①$$

とする． $z_k^{-1}\in G$ $(0\leqq k\leqq n-1)$ でもあるから，少なくとも $z_1^{-1}G=G$ であるためには，①より

$$z_1^{-1}=z_{n-1}\text{ ，}\textbf{つまり}\text{，}\ 2\pi-\theta_1=\theta_{n-1}. \qquad \cdots\cdots②$$

同様の考えを繰り返して

$$2\pi-2\theta_1=\theta_{n-2},\ \cdots,\ 2\pi-(n-1)\theta_1=\theta_1. \qquad \cdots\cdots②'$$

②と②' より

$$\theta_k=\frac{2\pi}{n}k\ \ (0\leqq k\leqq n-1).$$

$$\therefore\ G=\left\{\cos\frac{2k\pi}{n}+i\sin\frac{2k\pi}{n}\,\middle|\,k=0,1,\cdots,n-1\right\}. \quad ◀$$

**解説または意見** (1)と(2)における“ちょうど”というのは，「ちょうど，$n$ 個で閉じるように**なる**」という意味である．さもなくば，$\{1, 1, \cdots, 1\}$ (1 が $n$ 個)のような例が出てくる．(**此の点をきちんと踏まえておくこと**.)さて，(2)であるが，これは，「こういう計算方法で解ける」というようなものではなく，概念の問題である．それは，少し専門用語になるが，「0 でない複素数の有限個から成る半群は有限巡回群である」，という有意な「**命題**」になっており，(逆は当たりまえだが，)この提示には斬新さがある．この問題自体は，多分，「群論」のどのような入門書にも載っていない事であろうから，大学入試問題とはいえど，これは，たとい数学者にとっても(その方面の専門でないなら)手強い問題になろう．受験生には難度というものをかなり超えている．従って，(完全)正解者など，もちろん，期待すべくもなかったはずである．苦し紛れに怪しげな解答をしても，バッサリとやられるだけのこと．

「**高校数学の手立てで解ける問題なら，何を出題してもよい**(――大学数学の内容であっても)」，というのは，一応，(暗黙の了解で)入試数学では許されていることであり，そしてその事は，此所の強い方針の

ようである．しかし，この問題は入学試験としては，行き過ぎであろう．

上の（2）の**解答**中，①式までもってゆくのは，「**寄せの一手**」，そして，②式と②'式までもってゆくのは終盤の「**詰めの一手**」とでもいうべきもので，「**次の一手**」がこれだけあれば，試験としてはかなり難しい．

設問（2）に対しては誤解が蔓延している可能性が高そうなので，注意しておく（少々難解かもしれないが）：(2)の**本意**は，「$1 \in G$ の（明確な）存在と集合 $G$ の一意性」の証明にある．（命題成否の責任を問題に押しつけることはできないので，）前者は，自己無撞着性の必要性への押しつけでは証明にならない．また，後者は，(1)の例が必要条件のものであることを示せばよいのだが，その前にその必要条件と「異値の必要条件」が**ない**事の証明を踏まえながら，やってゆかなくてはならない，ということである；──さもなくば，ただその例を求めても空論である．だから，本問は，結構，厄介な問題なのである．

# 番外勝負　複素数と複素数平面

## 第三・第四番 勝負

複素数は，初学者にとってその概念が決して易しいものではない．大学入試問題を含めた高校数学では，ただ，$i=\sqrt{-1}$ として，あとは四則算を課して計算処理しているだけなので，立ち入った事はやらない．しかし，この時点で,「それでよい」として，ただ合格だけをめざす高校生（受験生）と,「いや，よくない」として，突っ込んだ議論したがる高校生（受験生）(——かなり少ないが，——)に分かれる．後者は典型的数学少年であるが，このケースは，しばしば受験で失敗しやすいし，数少ないだけに商業戦線の対象からも外されやすい．だから，その後者に属する高校生達には，今は仕方がないから，入試問題等を通して考え方を鍛える，という方に姿勢を傾けよ，と勧めておいて，今回の勝負に入ることにする．

**【問題 1】**

$n$ を自然数とする．

(1) $n$ 個の複素数 $z_k$ $(k=1, 2, \cdots, n)$ が $0° \leqq \arg z_k \leqq 90°$ を満たすならば，不等式

$$|z_1|^2+|z_2|^2+\cdots+|z_n|^2 \leqq |z_1+z_2+\cdots+z_n|^2$$

が成り立つことを示せ．

(2) $n$ 個の角 $\theta_k$ $(k=1, 2, \cdots, n)$ が

$$0° \leqq \theta_k \leqq 90° \quad かつ \quad \cos\theta_1+\cos\theta_2+\cdots+\cos\theta_n=1$$

を満たすならば，不等式

$$\sqrt{n-1} \leqq \sin\theta_1+\sin_2\theta+\cdots+\sin\theta_n$$

が成り立つことを示せ．

**《持ち時間・30 分》**　　**大阪大（理系）・平成 16**

**解答過程**

(1) $k=1, 2, \cdots, n$ に対し，$r_k \geqq 0$ として

$$z_k = r_k(\cos\theta_k + i\sin\theta_k) \quad (0^\circ \leqq \theta_k \leqq 90^\circ)$$ と表す．

問題の不等式からは $|z_1|^2+\cdots+|z_n|^2$ が消えて，右辺には $z_k\overline{z_j}+z_j\overline{z_k}$ $(k \neq j)$ が有限項だけ残る．そして

$$\begin{aligned} z_k\overline{z_j}+z_j\overline{z_k} &= r_k r_j\{\cos(\theta_k-\theta_j)+i\sin(\theta_k-\theta_j)\} \\ &\quad + r_j r_k\{\cos(\theta_j-\theta_k)+i\sin(\theta_j-\theta_k)\} \\ &= 2r_k r_j\cos(\theta_k-\theta_j). \end{aligned}$$

$-90^\circ \leqq \theta_k-\theta_j \leqq 90^\circ$ だから，上式の値は 0 以上．これで問題の不等式の成り立つことは示された．◀

■ **局盤〈1〉** ここまでは大丈夫であろうか？ 一応，大丈夫として，(2) であるが，$\cos\theta_1+\cdots+\cos\theta_n=1$ を作動させるには $z_k = r_k(\cos\theta_k+i\sin\theta_k)$ $(k=1, \cdots, n)$ に少し条件を加えなくてはならない．では，その条件となる**次の軽い一手**は？

**【問題 2】**

O を原点とする複素数平面上で 6 を表す点を A，$7+7i$ を表す点を B とする．ただし，$i$ は虚数単位である．正の実数 $t$ に対し，

$$\frac{14(t-3)}{(1-i)t-7}$$ を表す点 P をとる．

(1) $\angle$APB を求めよ．

(2) 線分 OP の長さが最大となる $t$ の値を求めよ．

**《持ち時間・25 分》** **東京大（理系）・平成 15**

**解答過程**

(1) 点 P を表す複素数を $z(\mathrm{P})$ とする．

$$z(\mathrm{P}) = \frac{14(t-3)}{(t-7)-it} = \frac{14(t-3)\{(t-7)+it\}}{(t-7)^2+t^2}.$$

■**局盤〈2〉** ここまでは分母を実数化しただけである．これから，偏角の計算のために，まずは，$\dfrac{z(\mathrm{A})-z(\mathrm{P})}{z(\mathrm{B})-z(\mathrm{P})}$ の計算をするか？ それで，時間内でやりきれるならそれもよし．しかし，「そんな猪のような計算は御免こうむる」，という人は，此処で，明快な一手で決めることを所望するだろう．では，**その明快な一手**は？

**局盤〈1〉での次の一手：**

(2) $z_k=\cos\theta_k+i\sin\theta_k$ $(0°\leqq\theta_k\leqq 90°)$ として(1)の不等式に代入する．

$$n\leqq|(\cos\theta_1+\cdots+\cos\theta_n)+is_n|^2$$

（ただし，$s_n=\sin\theta_1+\cdots+\sin\theta_n$）

$$=|1+is_n|^2=1+s_n^2 \quad (s_n\geqq 0).$$

$$\therefore\ \sqrt{n-1}\leqq\sin\theta_1+\cdots+\sin\theta_n. \quad ◀$$

**解説または意見** 計算量が少なく，しかし，よく工夫されていて，時間的にも無理がない，ということで，申し分ない良問といえるだろう．これでいて，(1)から躓（つまず）いた人は多かったのでは？ なお，(1)の**解答**中，$z_k\overline{z_j}+z_j\overline{z_k}$ $(k\neq j)$ の項数を気にする人が多いかもしれないが，それは，今は，どうでもよいのである．大切なことは，「$z_k\overline{z_j}+z_j\overline{z_k}$ $(k\neq j)$ の項しか残らない」，ということであるので，その辺りをよく銘記してしておかれたい．(2)における「**次の一手**」であるが，$z_k=r(\cos\theta_k+i\sin\theta_k)$（$r$ は正で一定）としてもよい．しかし，意味のない無駄はしない方がいいだろう．

 **局盤〈2〉での次の一手：**

$f(t)=\dfrac{14}{(t-7)^2+t^2}$ とする．$x=f(t)(t-3)(t-7)$,

$y=f(t)t(t-3)$ と表して，$t \neq 3$ $(t>0)$ では $x=\dfrac{t-7}{t}y$ となるから，

$$\left\{t=\frac{-7y}{x-y}\ (y \neq 0)\text{，同じことだが，}\quad t-7=\frac{-7x}{x-y}\ (y \neq 0)\right\} \quad \cdots\cdots①$$

①において $t>0$ より

$$\{y>0 \text{ では } y>x,\ y<0 \text{ では } y<x\}. \quad \cdots\cdots②$$

②の下で，①より

$y=\dfrac{2(3x+4y)y}{x^2+y^2}$ $(y \neq 0)$，従って②の下で

$$x^2+y^2-6x-8y=(x-3)^2+(y-4)^2-5^2=0\ (y \neq 0) \quad \cdots\cdots③$$

（$t=3$ のときは $x=y=0$ となるが，③にはそれを含める）.

③は円の方程式だが，②を無視すれば，その円は2点 A(6, 0)，B(7, 7) を通る．従って，②と③より**右図**を得る．

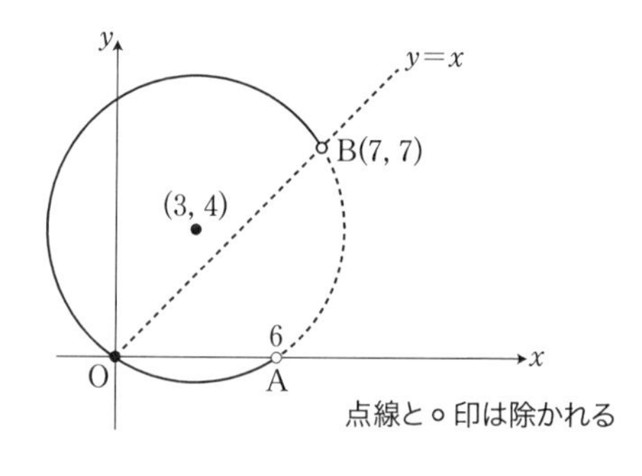


よって，∠APB は P＝O $(t=3)$ のときで求めればよい：

$$AB^2=OA^2+OB^2-2OA\cdot OB\cos\angle AOB,$$

$$1+7^2=6^2+2\times7^2-2\times6\times7\sqrt{2}\cos\angle AOB.$$

$$\therefore\ \angle APB=45^\circ \quad \cdots\cdots 答$$

(2) OP の長さが最大になるのは直線 OP が円の中心 (3, 4) を通るときだから，P の座標が (6, 8) のとき．求める $t$ の値は，(1) の**解答**中の①より

$$t=\frac{-7\times 8}{6-8}=28 \quad \cdots\cdots 答$$

解説または意見　本問は，頭の柔軟度で，はっきりと点差のつく問題である．

$\angle \mathrm{APB}=\arg\dfrac{z(\mathrm{B})-z(\mathrm{P})}{z(\mathrm{A})-z(\mathrm{P})}$ ということで，ただ計算するだけの“人間コンピューター”を演じた受験生はかなり多かったのではなかろうか．問題からすれば，「$\angle$APB は一定のようだから，それは，ある円の円周角」，**と見込みをつければ**，「$xy$ 平面で，パラメーター $t$ を容易に消去できる」，ということになって比較的あっさりと本問は崩せるのである．あとは，当**解答**を御覧の通り．

*　　　　　*

今回の 2 問は，どちらも京大タイプのもので，問題としてよくできている．これで，充分，試験になったであろうから，これからも，あまり無理な問題にならないようにして戴きたいものである．

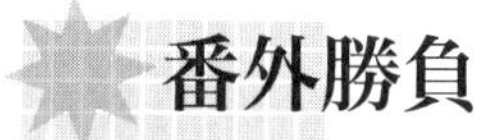

# 番外勝負　素因数分解の問題

## 第五・第六番 勝負

「**次の一手**」は，これで最終番となる．有終の美を飾って，此の度は，**素因数分解**に関する**初等整数論上の命題**の創作問題である．

整数問題では，**数学的帰納法**がよく用いられるので，その基本を簡単におさらいしておく．これは，命題 $\mathrm{P}(n)$（$n$ は任意の自然数）が成り立つことを示すのに，次のような二つの命題を示してゆけばよい，というもの：

i）$\mathrm{P}(1)$ は成り立つ．

ii）任意の自然数 $k$ について，$\mathrm{P}(k)$ が成り立つならば $\mathrm{P}(k+1)$ も成り立つ．

帰納法には様々の変型があるが，基本概念さえ充実しておけば，名称など知らなくとも，自然に臨機応変できる，といえる．

**【問題 1】**

$n$ は自然数で $n \geqq 2$ とする．$M_n = 4^n - 1$ は $k$ 個の素数 $p_1, p_2, \cdots, p_k$ $(p_1 < p_2 < \cdots < p_k)$ によって

$$M_n = p_1^{\ell_1} p_2^{\ell_2} \cdot \cdots \cdot p_k^{\ell_k} \ (\ell_1, \ell_2, \cdots, \ell_k \text{ は適当な自然数})$$

という形に素因数分解される．このとき，$n, k$ について不等式 $4^{n-1} \geqq k^2$ が成り立つことを示せ．

**《持ち時間・30 分》**

**解答過程**　なし

**■局盤〈1〉**　これは，序盤に決め手を要する．序盤を明快に捉えれる人にとっては，中終盤は難なくやりおおせよう．では，その決め手と

なる**序盤の一手**は？

**【問題 2】**

P: $E_M = 3^M + 3^{M-1} + \cdots + 3 + 1$（等比数列和）とする．

$M+1 = 2^K x$（$K$ は自然数，$x$ は 1 以上の奇数）と表されるとき，$E_M = 2^{K+1} y$（$y$ は 1 以上の奇数）となる．

(1) この命題 P を数学的帰納法で示せ．

(2) この命題 P によれば，例えば，$3^{256}-1$ は $9^{32768}-1$ は

$$3^{256}-1 = 2^{\square} y_1,\ 9^{32768}-1 = 2^{\square} y_2\ (\ y_1, y_2 \text{ は奇数})$$

と表される．空欄に該当する整数を求めよ．

**《持ち時間・60 分》**

**解答過程**

(1) $K=1, x=1$ のときは，$E_1 = 3+1 = 2^2 \times 1$ で成り立つ．

$K = k_0, x = x_0$ のとき $E_{2^{k_0} \cdot x_0 - 1} = 2^{k_0+1} y_0$（$y_0$ は奇数）と仮定する．

■**局盤〈2〉**　この仮定は全く当たりまえのことで，問題は，次のステップに入るために何を示せばよいか，である．では，次のステップに移行するために明確にせねばならない**次の一手**は？

**局盤〈1〉での次の一手：**

$n \geqq 2$ より $M_n = 3(4^{n-1} + \cdots + 4 + 1)$ となるから，$M_n$ は奇数かつ合成数である．従って $k \geqq 2, p_1 = 3$ である．

上述のことと，3 以上の 2 つの異なる素数は連続して並ぶことはないことより

$$p_2-p_1 \geqq 2,\ p_3-p_2 \geqq 2,\ \cdots,\ p_k-p_{k-1} \geqq 2.$$

これらを辺々相加えて

$$p_k-p_1=p_k-3 \geqq 2(k-1)\ ,\ \text{故に}\ p_k \geqq 2k+1\ .$$

$$\therefore\ M_n \geqq p_1p_2\cdot\cdots\cdot p_k \geqq 3\cdot 5\cdot\cdots\cdots\cdot(2k+1)$$

$$\geqq (2k-1)(2k+1)=4k^2-1.$$

$$\therefore\ 4^n \geqq 4k^2\ (n \geqq 2,\ k \geqq 2).$$ ◀

**解説または意見** 素因数分解の問題は易しそうで易しくない問題が少なくない．本問の場合，“ $k$ 個の奇数”では，**$k=1$ ということはない**，という点を捉えねばならない．従って $M_n$ ($n \geqq 2$) は（素数ではなく）合成数になる．しかも，$M_n$ は奇数であるため，$p_1=2$ ということもあり得ないで，$p_1=3$（この値は $n$ によらない），と決まってしまう点も見逃してはならない．

**局盤〈2〉での次の一手：**

そこで，$E_{2^{k_0+1}x_0-1}$ と $E_{2^{k_0}(x_0+2)-1}$ の値を評価する．

$2^{k_0}x_0-1=M_0$ として

$$E_{2^{k_0+1}x_0-1}=E_{2M_0+1}=3^{2M_0+1}+\cdots+3^{M_0+1}+E_{M_0}$$

$$=(3^{M_0+1}+1)E_{M_0}=\left(\sum_{r=1}^{M_0+1} {}_{M_0+1}\mathrm{C}_r\cdot 2^r+2\right)E_{M_0}$$

$$=2\cdot\text{奇数}\cdot 2^{k_0+1}y_0=2^{k_0+2}y_0'\ (\ y_0'\ \text{は奇数}).\quad\cdots\cdots(☆)$$

$$E_{2^{k_0}(x_0+2)-1}=E_{M_0+2^{k_0+1}}=3^{M_0+2^{k_0+1}}+\cdots+3^{M_0+1}+E_{M_0}$$

$$=3^{M_0+1}(3^{2^{k_0+1}-1}+\cdots+3+1)+E_{M_0}$$

$$=3^{M_0+1}\cdot 2^{k_0+2}\cdot\text{奇数}+2^{k_0+1}y_0=2^{k_0+1}y_0''$$

$$(\ y_0''\ \text{は奇数}).$$

ただし，(☆)は $x_0=1$ のときでも成り立つこと（証明略）を用いた．

よって，任意の $K, x$ について P は成り立つ． ◀

(2) $256=2^8$ だから, $E_{2^8-1}=\dfrac{3^{256}-1}{3-1}=2^{8+1}y_1.$

$$\therefore\ 3^{256}-1=2^{\boxed{10}}y_1.$$

$9^{32768}=3^{65536}$ で, $65536=256^2=2^{16}$ だから,

$$E_{2^{16}-1}=\frac{3^{65536}-1}{3-1}=2^{16+1}y_2.$$

$$\therefore\ 9^{32768}-1=2^{\boxed{18}}y_2.$$

**解説または意見** 「$a$ は, $\dfrac{a-1}{2}$ が偶数になるような正の整数とする. $E_M=a^M+a^{M+1}+\cdots+a+1$ (等比数列和) は, $M+1=2^Kx$ ( $K$ は0以上の整数, $x$ は正の奇数)のときに**限り** $E_M=2^Ky$ ( $y$ は奇数)と表される.」

本問では, $E_M=3^M+\cdots+3+1$ となっているが, “3”の所は, 例えば, “11”でもよく, 代わりの数はいくらでもとれる. 設問(2)は, 命題Pの威力の大きさを物語る例となっている, といえよう.

**フェルマーの定理**:「$a$ が素数 $p$ で割り切れない自然数のとき, $a^{p-1}-1$ は $p$ で割り切れる」, **と併せると** 257 も 65537 も素数なので,

$$3^{256}-1=2^{10}\cdot257Y_1,\ 3^{65536}-1=2^{18}\cdot65537Y_2$$

( $Y_1$, $Y_2$ **は奇数**)

となり, これらのタイプの数の**素因数分解の構造**がかなり解明されるのである.

尚, $3^{2^K}-1=\sum_{r=1}^{2^K}{}_{2^K}\mathrm{C}_r\cdot2^r$ なので, P により

$\sum_{r=1}^{2^K}{}_{2^K}\mathrm{C}_r\cdot2^r=2^{K+2}y$ ( $y$ **は奇数**), というのも**一瞬にして判明する**, と付記しておこう.

*　　　　　*

これで,「**次の一手**」の勝負も終了することにする.

入試のように, パターン化された問題で大体の合否が決まるものは,

コンピューターのような“記憶計算型の学習”でも，いや，その方がより合格につながりやすいだろう．

しかし，**将来性**を重んじる人には，そのような学習はつまらないであろうし，また，**いずれ通用しなくもなろう**．そういう人達——高校生や受験生に限らず——は，(少しでも)「感動する数学」をやってみたいのである．それ故，「**次の一手**」は，将棋スタイルで考えて戴くように構成してきた．

「**将棋**」は覚えるべきルールが少ない点で「**数学**」と共通点がある[注]．——にも拘らず，相手が千変万化で手を打ってこれる，という点でも共通点がある．

棋士にとって，苦戦しながらも，時間切れ間際の終盤で「**絶妙の一手**」を考え着き，逆転勝利した時の感動は忘れ得ないもの．それは，「**数学**」(の学習等)でも同様であるべきだった．人間社会のあまりにも大きな変貌を始めとする多くの事柄が，それを妨げてしまったようである．譬うるに，“豚肉を仕入れて，その豚肉を切売りする”，というのは全くたやすいことで，それも一つの要因で，余りにも横行し過ぎた為，無感動の“数学”と，ついでに恐るべき「学力低下」までを招いてしまったのはその一例．かくして，「数学の大不況時代」と相成った．それを乗り越える「数学」はいずこに？

（著者）

**高田 栄一**（たかだ・えいいち）

著書：

ジャンプ！高校数学から大学数学へ数学Ⅰ＋数学A，2002年，現代数学社

ジャンプ！高校数学から大学数学へ数学Ⅱ＋数学B，2003年，現代数学社

---

**現数 Select No.10 名人くんへ放つ 次の一手**
**大学入試数学出題者への挑戦**

---

2024年7月21日　初版第1刷発行

著　者　高田栄一

発行者　富田　淳

発行所　株式会社　現代数学社
〒606-8425 京都市左京区鹿ヶ谷西寺ノ前町1
TEL 075 (751) 0727　FAX 075 (744) 0906
https://www.gensu.co.jp/

装　幀　中西真一（株式会社 CANVAS）

印刷・製本　有限会社 ニシダ印刷製本

---

ISBN 978-4-7687-0640-4　Printed in Japan